JN057809

0歳からシニアまで

フレンチ・ブルドッグとのしあわせな暮らし方

Wan編集部 編

はじめに

「ブヒ」の愛称でもおなじみのフレンチ・ブルドッグは、鼻ペチャ犬の代表格にして天真爛漫な愛されキャラ。その個性的な表情とフレンドリーな性格で多くの人を魅了し、今日に至るまで日本はもちろん世界各地で愛されてきました。

この本の特徴は、「0歳からシニアまで」フレブルの一生をカバーしたものであるということ。飼育書でよくある「これからフレブルを飼いたい」と思っている人向け、子犬向けの情報だけにとどまらない内容となっています。もちろん、子犬の迎え方や育て方もたっぷり盛り込んでいるので、フレブルの初心者さんにもばっちりお役立ち。それにプラスして、成犬になってから役立つしつけやトレーニング、保護犬の迎え方、お手入れ、マッサージ、病気のあれこれに、避けては通れないシニア期のケアもご紹介しています。

フレブルを長く飼っているベテランさんにも、飼い始めて間もない人にも、そしてこれから飼おうかと考えている人にも、フレブルを愛するすべての人に読んでほしい……。そんな願いを込めて、愛犬雑誌『Ｗａｎ』編集部が制作した一冊です。

飼い主さんとフレブルたちが〝しあわせな暮らし〟を送るお手伝いができれば、これに勝る喜びはありません。

２０２４年1月

『Ｗａｎ』編集部

もくじ

PART 1

フレンチ・ブルドッグの基礎知識

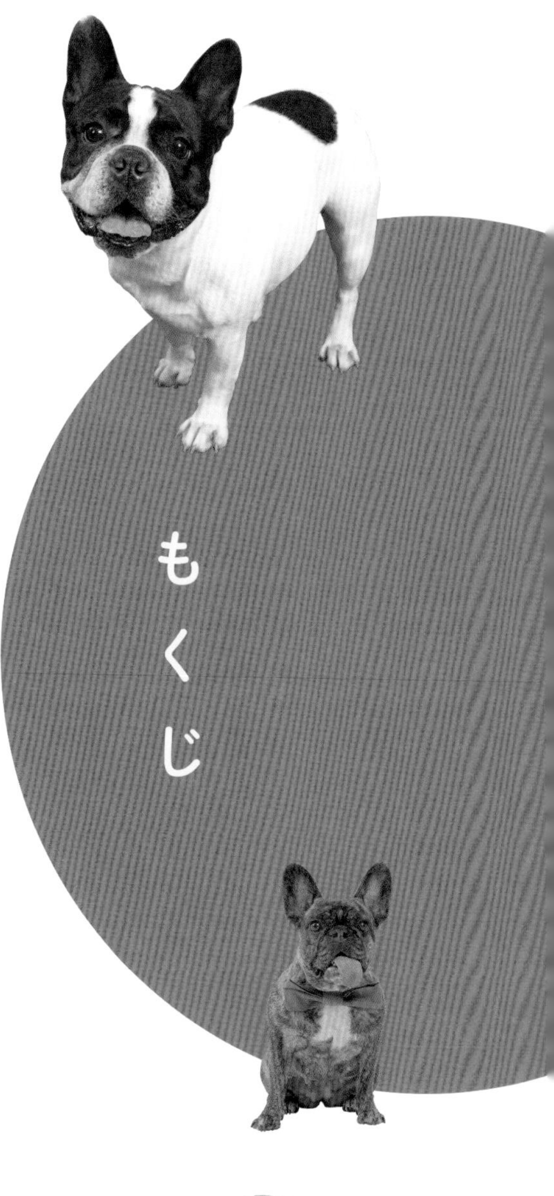

PART 2

フレンチ・ブルドッグの迎え方

15

PART 3

フレンチ・ブルドッグのしつけとトレーニング

31

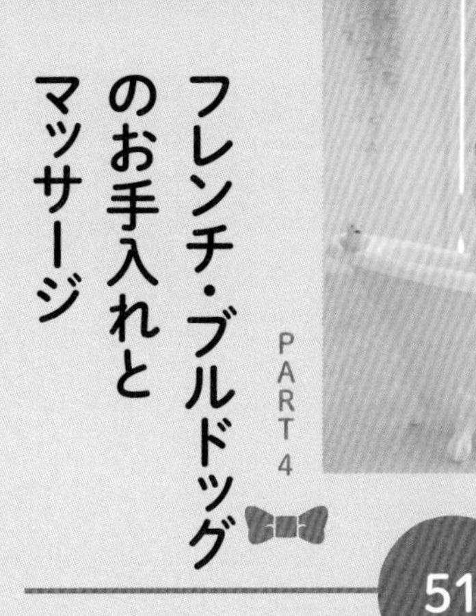

PART 4

フレンチ・ブルドッグのお手入れとマッサージ

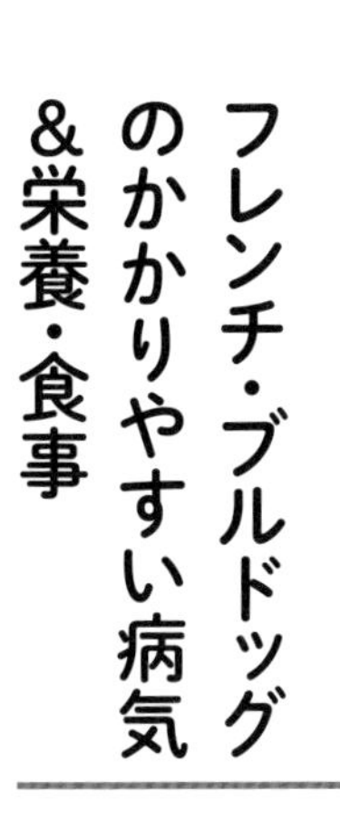

PART 5

フレンチ・ブルドッグのかかりやすい病気&栄養・食事

シニア期のケア

PART 6

117

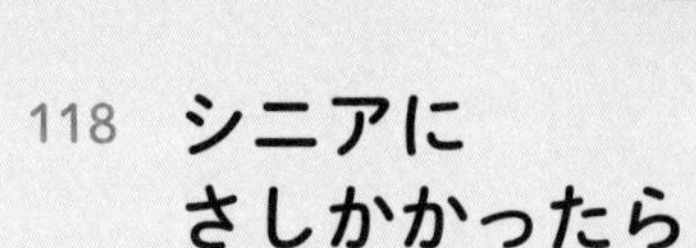

※本書は、『Wan』で撮影した写真を主に使用し、掲載記事に加筆・修正して内容を再構成しております。

Part 1
フレンチ・ブルドッグの基礎知識

フレブルは日本でも根強い人気を誇る犬種ですが、
まだ知られていないこともたくさんあります。
まずはフレブルという犬種について学びましょう。

フレブルの歴史

日本だけでなく、世界じゅうで高い人気を誇るフレブル。
まずはフレブル好きなら知っておきたい、
犬種の歴史や成り立ちを紹介します。

フランスに渡って貴婦人に愛される

フレンチ・ブルドッグは、もともとブルドッグ（イギリス原産）の小型版だとされています。しかしフランス人は自分たちが作った犬だと主張しており、犬種標準書には原産国としてフランスの名が記されています。

フレンチ・ブルドッグは、すべてのマスティフ系の犬種と同様に、モロシアン犬種（古代ローマの軍用犬の血を引く犬）に由来すると考えられています。イングリッシュ・ブルドッグの祖先や中世に存在した大型獣猟犬種のアラン、フランスのマスティフ（ボルドー・マスティフ）などとも関連があるようです。

1860年ごろのイギリスでは、小さい（トイ種の）ブルドッグは、スタンダードなブルドッグを好むイギリス人には注目されることがありませんでした。そこで、それらの犬の多くがフランスに送り込まれたようです。

そして1880年代には、フランス・パリの下町で飼われるようになりました。小さなブルドッグに魅せられた熱心なブリーダーたちは異種交配を繰り返し、現在のフレンチ・ブルドッグに近い犬を作出。最初はパリ中央市場の人夫や肉屋、御者（ぎょしゃ）などに飼われていたそうですが、その特殊な外見が目を引き、上流階級の貴婦人や芸術家のあいだでも急速に人気犬種となっていきました。そしてついには、「ブールドッグ・フランセーズ」（フランス語で「フランスのブルドッグ」の意）という名を与えられるに至るのです。

「イングリッシュ」から「フランセーズ」へ

最初のブリード（犬種）クラブは1880年にパリで設立され、初めて犬籍登録がされたのは1885年です。犬種の理想の形が記された犬種標準（スタンダード）が作られたのは1898年で、この年にフランスケネルクラブはフレンチ・ブルドッグを公認犬種としました。初めてドッグショーに出陳されたのは1887年で、10年間でほぼ犬種として固定されたと言っていいでしょう。

もっとも後にイギリスでは、イングリッシュ・ブルドッグの強い血統が明らかに現れている犬種に「フランセーズ（フランスの）」という名前を付けたことを笑いものにした、という話が伝わっています。その当時は今ほどタイプが統一されておらず、とくに耳に関してはバットイヤー（フレブルのような立ち耳）とローズイヤー（ブルドッグのような垂れ耳）が混在していたそうなので、よりそのように言われたのではないでしょうか。

フレブルの耳がバットイヤーに統一されたことに多大な功績を残したのは、アメリカの愛好家たちです。彼らは、バットイヤーだけをフレブルの耳として認めるよう強く主張し、この論争がこの犬種の人気に火を付けました。

性格は社交的で活発。遊びやスポーツも大好きで、見かけによらず動きは非常に鋭敏です。現在、アメリカはもちろん日本やほかのヨーロッパ諸国、そして世界じゅうで人気犬種となっています。

フレブルの毛色

毛色によって違う犬に見えてしまうほどのバリエーション。主に次の4つに分けられます。

フォーン

褐色。明るいフォーンからダークなフォーンまであり、ブラックマスク（顔の黒い部分）はあるほうが望ましいです。

ブリンドル

ブリンドルは黒みがかったタイプが多く見られますが、フォーンの下地に虎柄のような、ダークなしま模様があります。

パイド

ブリンドルにホワイトの斑が広く分散されているのが理想的で、ポピュラーな毛色です。

フォーン・アンド・ホワイト

ホワイトの斑があるフォーン。斑が全体に分散されているのが理想的です。皮膚にある若干の斑は許容されます。

フレブルの理想の姿

フレブルの理想型を示す犬種標準(スタンダード)を紹介します。
ドッグショーではスタンダードをもとに審査が行われます。

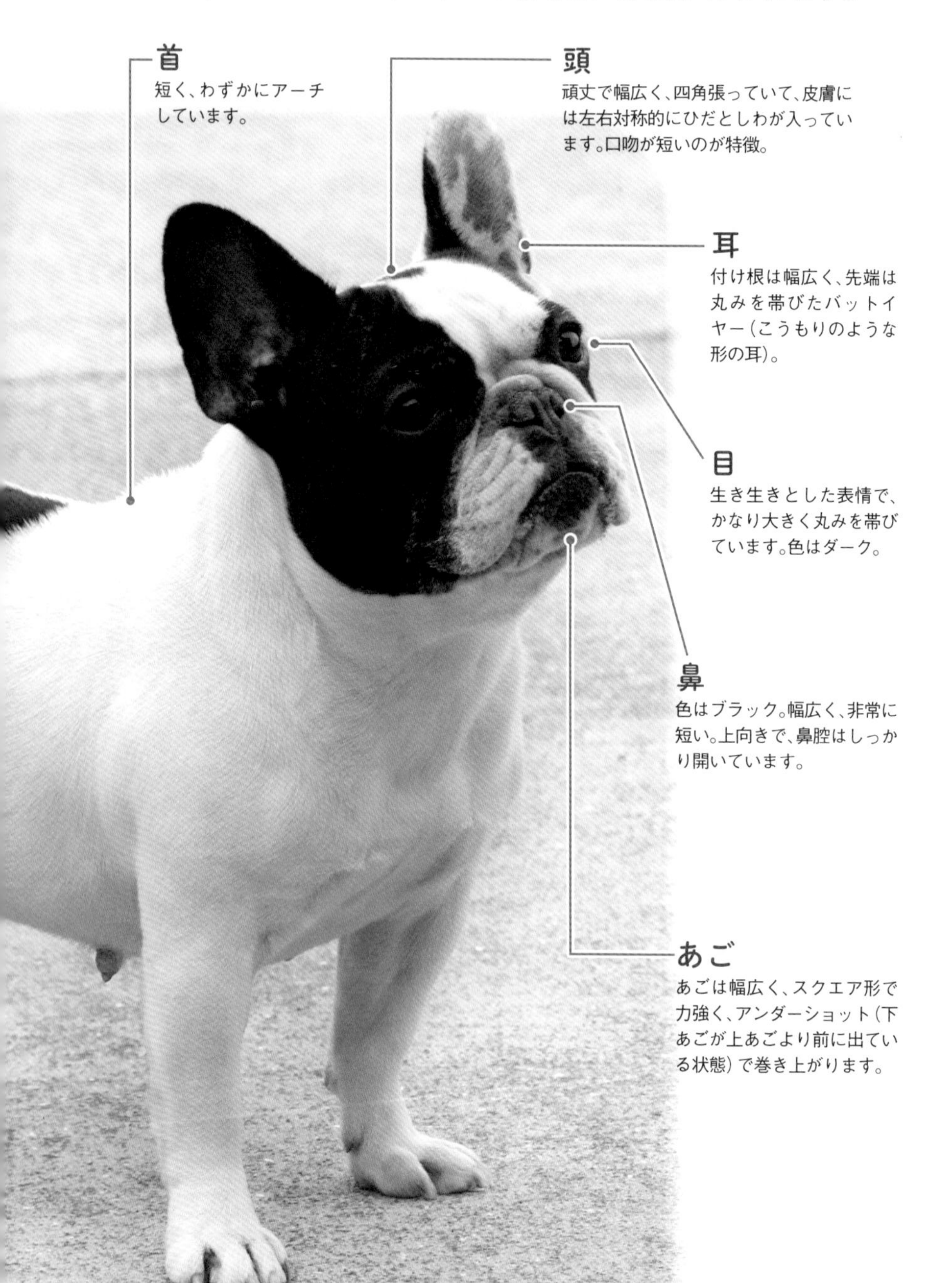

首
短く、わずかにアーチしています。

頭
頑丈で幅広く、四角張っていて、皮膚には左右対称的にひだとしわが入っています。口吻が短いのが特徴。

耳
付け根は幅広く、先端は丸みを帯びたバットイヤー(こうもりのような形の耳)。

目
生き生きとした表情で、かなり大きく丸みを帯びています。色はダーク。

鼻
色はブラック。幅広く、非常に短い。上向きで、鼻腔はしっかり開いています。

あご
あごは幅広く、スクエア形で力強く、アンダーショット(下あごが上あごより前に出ている状態)で巻き上がります。

memo

体高：オス27～35cm
　　　メス24～32cm
体重：オス9～14kg
　　　メス8～13kg

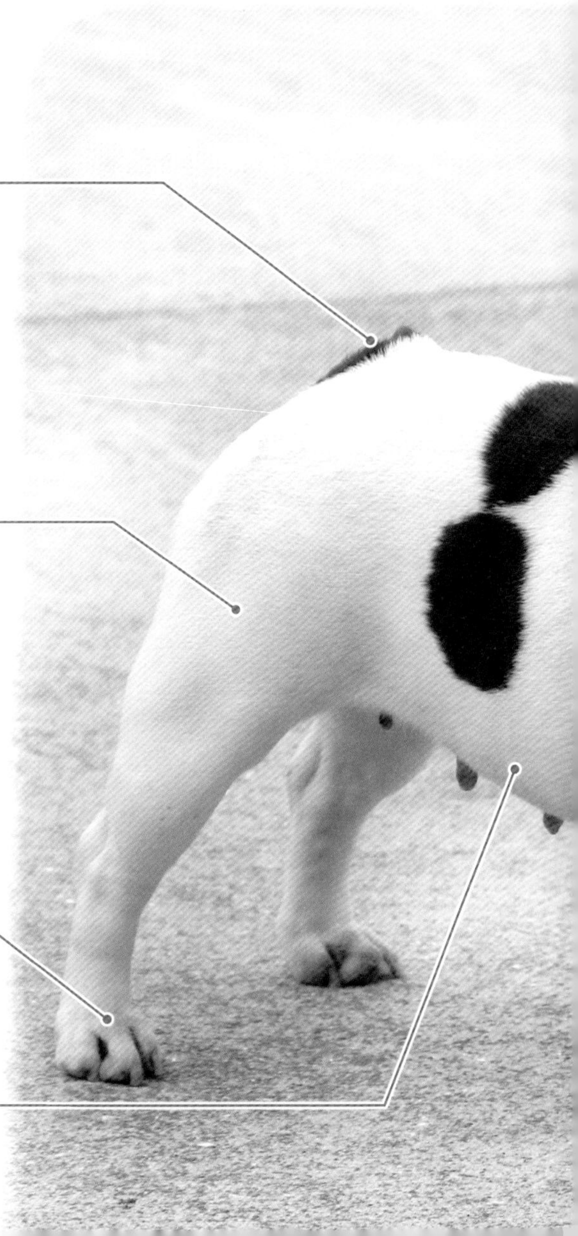

しっぽ
短く、付け根は太いのが特徴。自然にこぶ状になるかねじれていて、先細りの形です。

被毛
美しくなめらか。ボディに密着して、光沢があります。

足
丸く頑丈で、パッドには弾力があります。

体
筋肉質で骨格がしっかりしており、コンパクトな体躯構成です。

迎えるなら成犬？　子犬？

「犬を飼うなら子犬から」という考えがまだまだ一般的ですが、
最近は保護犬などで成犬やシニア犬を
迎える動きも出てきています。

保護犬の里親探しでネックになりがちなのは、犬の年齢。成犬やシニア犬は、「子犬のほうがすぐ慣れてくれて、しつけもしやすそう」という里親希望者に敬遠されることが多いようです。

実際は、成犬やシニア犬が子犬と比べて飼いにくいということはありません。むしろ「成長後はどうなるのか」という不確定要素が少ないぶん、迎える前にイメージしやすいというメリットがあります。とくに保護犬は里親を募集するまで第三者が預かっているため、その犬の性格や健康上の注意点、くせ、好きなことと嫌いなこと（得意なことと不得意なこと）などを事前に教えてもらえるケースがほとんど。里親はそれに応じて心がまえと準備ができるので、スムーズに迎えることができるのです。

もちろん、健康トラブルを抱えた犬や体が衰えてきたシニア犬の場合は治療やケア（介護）が必要になりますし、手間やお金のかかることもあるでしょう。しかし、子犬や若く健康な犬でも突然病気になる可能性があります。老化はどんな犬でも直面する問題。保護団体（行政機関）の担当者や獣医師と相談して、適切なケアを行いながら一緒に過ごす楽しみを見つけましょう。

犬と一緒に暮らすとなると、どの年代でもその犬ならではの難しさと魅力があるものです。選択の幅を広く持ったほうが、"運命の相手"と出会える確率が上がるのではないでしょうか。

成犬は性格や好き嫌いが十分わかっていることが多いので、家族のライフスタイルや先住犬との相性など、総合的に判断できるというメリットがあります。

Part 2
フレンチ・ブルドッグの迎え方

いよいよ「フレブルを迎えたい！」と思ったら……。
迎える準備、接し方などをチェックしましょう。

French Bulldog's Puppies

ころころと元気に駆け回るパピーたち。
目に映るものすべてに興味津々です。
これからどんな冒険が待っているのかな?

SELECTED
WORK
1876
NYC

フレブルの迎え方

まずは「子犬から迎える」ケースをモデルに、
ポイントを確認します。

個性を尊重して メリハリのある育て方を

フレンチ・ブルドッグは、このところ人気が急上昇しつつある犬種です。個性的な見た目や明るく甘え上手な性格が愛されていますが、一方で「病気にかかりやすく健康管理が大変」、「デリケートで扱いが難しいから初めての人には難しい」といった声も聞きます。

実際は、それほど難しく考えることはありません。甘やかして育てると少々自己中心的になってしまうこともあるようですが、ほかの犬種と同様、子犬のころにしっかりしつけておけば素直で良い子に育つはず。基本のしつけさえできていれば、個性に任せてのびのびと育てても大丈夫です。

健康管理やお手入れも含めて、大事なのは飼い主さんが犬種の特徴を正しく理解していること。フレブルという犬種の特徴と注意点を把握した上で、締めるべきところは締める、自由にするところは自由にするといった、メリハリのある接し方をしてあげてください。

子犬の迎え方

どこから迎えるのか、
どんな子を選べばいいのかを
考えてみましょう。

犬種の特徴を知る

まずは、フレブルという犬種の特徴について知ることが必要です。性格だけでなく、飼ったときに必要になる健康面のケアやお手入れについても確認しておきましょう。一般的な特徴は次の通りです。

性格

- 陽気で賢く、活発
- 甘え上手で家族にいつも寄り添っていたい
- 甘やかすと、家族に対して〝上から目線〟になることも

体質

- 高温多湿な環境に弱い
- その犬の体力に合わせた適度な運動が必要
- 過度な運動は、腰や関節のトラブルを招きやすい
- 季節や体質に合わせた皮膚のお手入れが必要

など

性格や体質については個体差があるので、これらの特徴を踏まえた上で個別に対応するようにしましょう。

どんな子犬を迎えたいかをまとめる

子犬を探す前に家族で話し合って、どんな犬を迎えたいか、その犬と一緒にどんな生活がしたいのかをまとめておきましょう。ブリーダーとは最初に希望の毛色、性別、予算などを聞かれた上で相談を進めるので、希望や条件があればはっきりと伝えるとその後のやりとりがスムーズです。住宅環境や家族が家にいられる時間、犬を飼った経験の有無なども判断材料になりますので、なるべく詳しく話してください。

ただ、子犬との出会いは〝縁〟なので、希望通りでなくても「この子がいい!」となる場合もあります。あまり最初の条件にこだわりすぎず、柔軟に考えるようにしましょう。

毛色や性別の希望は、実際に子犬を見たら変わる可能性も。あくまでひとつの目安と考えてください。

迎える先を探す

子犬を迎える先としては、主にブリーダーの犬舎やペットショップなどが思い浮かぶでしょう。どこを選ぶかは飼い主さん次第ですが、子犬の状態を実際に見学するのはもちろん、さらに詳しく確認できるところをおすすめします。親犬や犬舎（子犬の生育環境）の見学ができるかどうかや、ブリーダー（店員）の経歴や人柄などを確認した上で、信頼できそうなところを選びましょう。

初めて子犬を迎える場合は、自宅に引き取ってからも育て方について疑問や悩みが出るもの。信頼できるブリーダーや店員がいれば、相談に乗ってもらえます。

親犬や生育環境などを見学できるところから迎えるのがおすすめ。子犬がどんな風に成長するかがイメージしやすくなります。

子犬を選ぶ

親犬や生育環境を確認した上で、ブリーダーや店員のアドバイスをもとに迎える子犬を決めます。親犬は成長後のイメージを、生育環境はほかの犬や人に慣れているか（社会化）の程度を測る目安になります。血統書や価格もひとつの基準ですが、それだけを優先しないように慎重に検討しましょう。

とくに注目したいのは、子犬の健康状態。目やにが溜まっていないか、毛が汚れていないか、元気はあるかなどのポイントをチェックしましょう。体が小さすぎる場合は発育不良の可能性がありますので、注意してください。あまりに小さいうちは成長後の姿を予想するのが難しいため、生後1～2か月以上の状態を見たほうがいいかもしれません。

生後約50日の子犬

生後約３週間の子犬

子犬を家庭に迎える

現在の動物愛護管理法において、子犬は生後57日を過ぎれば販売が可能とされていますが、その後引き渡す時期はブリーダーやショップ、また飼い主さんの状況によって異なります。いずれにしても、環境の変化に影響を受けやすい時期なので、自宅に迎えてすぐのころはそっとしておいてあげましょう。無理にかまうとストレスになってしまい、お腹を壊すなど体調を崩すこともあるので要注意です。

迎えて1～2週間ほどはあまりかまいすぎずに、「ちょっと遊んでは休ませる」の繰り返しで少しずつ慣らしていきましょう。家に来て1か月を過ぎたら、それほど遠慮せずに接して大丈夫です。

慣れてくると今度は要求吠えをしたりわがままな行動を取ることがありますが、そこで甘やかさないように。吠えているときは声をかけたりせず、相手にしないほうが子犬も早く諦めます。そして、良い子にしているときにサークルから出して遊んであげてください。子犬には焦らず少しずつ、家庭のルールを教えてあげましょう。

迎える前に最低限そろえておきたいもの

- □ サークル
- □ トイレとトイレシーツ
- □ 給水器
- □ フード、フードボウル

子犬のうちにオモチャなどで遊び方を教えておくと、留守番中などもひとりで遊んでいられるようになります。

生活になじませる

基本のしつけのほかに、飼い主さん一家の生活ペースに慣れさせることも重要です。たとえば共働きで日中は留守がちな場合でも、子犬のころから慣れていれば案外平気なもの。家にいるときに十分かまってあげるなど工夫をすれば、それほどストレスを受けずに生活していけるのです。

犬の育て方についてはメディアやインターネットなどでさまざまな情報がありますが、気にしすぎると混乱してしまいます。気になることがあったらブリーダーや獣医師など犬の専門家に相談してみて、あまり神経質にならずにのびのびと育ててあげてください。

犬が素直に育つかどうかは、飼い主さん次第。時に扱いにくいと感じることもあるかもしれませんが、しっかり対応していれば愛犬も応えてくれるはずです。

保護犬を迎える

**保護団体や行政機関で保護された犬を迎えるのも、
選択肢のひとつ。
その注意点と具体的な迎え方を紹介します。**

保護犬について知る

保護犬の特徴と
気をつけたい点を
確認します。

保護犬とは一般的に、何らかの事情で元の飼い主と離れて動物保護団体(民間ボランティア)や動物愛護センター（行政機関）に保護された犬を指します。保護犬には、健康上のトラブルを抱えていたり、警戒心が強い犬もいます。そのため、一度新しい飼い主（里親）が見つかってもうまくいかず、なかには保護団体に戻ってくるケースもあるようです。

そのようなミスマッチを防ぐためにも、各団体で定めているガイドラインに沿って慎重に里親希望者との話し合いを進めています。多くの団体では、事前に、里親希望者のライフスタイルや保護犬を飼う態勢についてヒアリング。その結果、飼育が難しいと判断したときは断ったり、当初の希望と別の犬をすすめることもあります。また、病気のケアやシニア期の介護ができるかどうかも重要です。

里親希望者には、保護犬の健康状態を伝えた上で、今後トラブルがある可能性についても説明。その後、譲渡へ進みます。保護犬に限らず、犬を飼うということは何が起こるかわからないためです。「5年後10年後まで、犬にも飼い主さんにもしあわせに過ごしてほしい」。それが保護活動を行っている団体の多くが持つ思いなのです。

保護犬との生活で大事なのは、「かわいそう」ではなく「この犬と暮らしたい」と思って迎えること。あまりかまえずに、迎える犬を探すときの選択肢のひとつとして検討してみましょう。

保護犬には成犬が多いので、性質や特徴を子犬より把握しやすいというメリットがあります。

保護犬の迎え方

保護犬を迎えるための
基本の流れを
チェックしましょう。

※各段階の名称や内容は一例です。保護団体や動物愛護センターによって異なりますので、申し込む前に確認しましょう。

申し込み

保護団体や動物愛護センターで公開されている保護犬の情報を確認し、里親希望の申し込みをします。
最近は、ホームページを見てメールで連絡するシステムが多いようです。

どこにどの犬種がいるかはタイミング次第なので、まずはフレブルのいるところを探しましょう

審査・お見合い

メールなどでのやりとりを通じて飼育条件や経験を共有し、問題がなければ実際に保護犬に会って相性を確かめます。
犬との暮らしは、楽しいことばかりではありません。現実をしっかり見つめた上で、その子を受け入れられるかどうか、とことん考えることが大切。お見合いは、そのための情報収集の機会でもあります。

譲渡会など保護犬とふれ合えるイベントも定期的に開催されているので、その機会にお見合いをするのもおすすめです

契約・正式譲渡

トライアルを経て改めて里親希望者・団体の両方で検討し、迎えることを決めたら正式に譲渡の契約を結んで自宅に迎えます。

トライアルのための環境チェック

保護団体では、トライアル開始前に、飼育環境などのチェックを行います。これは保護犬の安全と健康を守るために大切なこと。とくに初めて犬を飼う人の場合は、気をつけておきたいことがいろいろあります。

チェック例

- □ 家の出入りに危険はないか（玄関から直接交通量の多い道に飛び出す可能性がないかなど）
- □ 室内の階段やベランダなどの安全対策は十分か（危険なところにはゲートを付けるなど）
- □ 散歩の頻度
- □ トイレのタイミングと場所
- □ 留守番の時間はどのくらいか　など

トライアル

お見合いで相性が良さそうだったら、数日間〜数週間のあいだ試しに一緒に暮らしてみて、お互いの生活に支障がないかを確認します。期間は保護犬の状態に応じて変わることもあります。

イベントを開催するなど、卒業犬の交流の場を設けている団体もあります。

保護犬を迎えるまで

里親希望者が気をつけたいポイントは次の通りです。

申し込み

　里親の希望を出す前に、犬を飼った経験や飼育条件（生活環境や家族構成など）をまとめておきましょう。必ず担当者から聞かれるはずです。時には経済状況や生活スタイルの細かい点まで質問されることがありますが、里親と保護犬の快適な生活のために必要なことなので、できる限り対応してください。

　また、人気のある保護犬だと複数の里親希望者が名乗り出ることがあります。そのときは団体（行政機関）側が希望者の飼育条件を元に最も適した人を選びますが、選ばれなくてもあまり気にせず「ほかにもっとぴったりの犬がいる」と思うようにしましょう。

　最初の希望とは別の保護犬をすすめられることもあるかもしれませんが、それは団体や行政側が条件などを考慮した上で「この人（家庭）ならこの犬のほうが良さそう」と判断されたということ。「つねに家に人がいるなら留守番が苦手な犬でも大丈夫なのでは」などの理由があっての提案なので、柔軟に検討を。

保護犬との相性

　飼育条件の確認で問題がなければ、対象の保護犬と直接会って相性を見る段階（お見合い）に移ります。その犬を預かって世話をしている預かりボランティア宅を訪問する場合もあれば、保護団体が開催する譲渡会（里親募集中の保護犬とふれ合えるイベント。主に里親探しと保護活動に関する啓発のために行う）で対面を果たす場合もあります。

　初対面では保護犬は警戒していることが多く、すぐには近寄って来ないかもしれません。そういうときは無理をせず、犬のほうから近づいてくるのを待ちましょう。また、預かりボランティアや担当のスタッフから、その犬のふだんの過ごし方や病気・ケガの回復状況、飼うときの注意点などを直接聞いてみてください。

memo

先住犬がいるなら、一緒に連れて行って犬同士の相性も確認してみましょう。

保護犬を迎えてから

保護犬ならではの注意点に
配慮して、できることを
少しずつ広げていきましょう。

保護犬との生活

犬は本来、適応力が高く、保護犬でもすぐ新しい環境になじむケースが少なくありません。

しかし保護犬、とくに成犬の場合は、以前に飼われていた家での習慣が身についていることもあります。飼い主は自身の生活スタイルに応じて、愛犬に新しく教えたり、習慣を変えさせたりしなければならないことも。反対に、飼い主側が自分の生活スタイルをある程度愛犬に合わせなければならないこともあります。

ブリーダーやペットショップから迎える場合と同じように、犬の様子を見ながら対応することが大事です。無理のない範囲で少しずつ距離を縮めていきましょう。

新しい環境に置かれた犬はまず、危険がないか周囲を観察します。そのあいだは手を出さず、食事やトイレなど最低限の世話だけして、犬が環境に慣れて自然と寄ってくるまで放っておくようにします。どれくらいの期間で慣れるかは犬によりますが、犬自身のペースに合わせることで信頼関係が生まれます。

もし健康管理やしつけなどで壁にぶつかったら、譲り受けた保護団体や動物愛護センターに相談することも可能です。多くの団体や行政機関では、譲渡後の相談を受け付けています。その保護犬を世話していた担当者やほかの里親さんがアドバイスしてくれるはずなので、協力をあおぎましょう。

保護犬には、複雑な事情を抱えている犬もいます。しあわせにするには、周りの人と協力して犬と向き合うことがカギになります。

介護の心がまえ

人間と同じように、犬もこれから介護の必要性が
高まっていくはずです。
早いうちから考えておきましょう。

歩行困難、トイレの失敗、無駄吠えの増加などが見られたら、介護スタートのサインとなります。愛犬の介護を経験した飼い主さんへのアンケートでも、「トイレの世話と歩行補助がいちばん大変」との結果が出ています。

介護はいったん必要になると毎日続けなければならず、飼い主さんは生活ペースが乱されるので大変です。しかしいちばん困っていたり、ストレスを感じているのは犬自身。家族の一員になった日から、愛犬にはたくさんの愛情や思い出をもらってきたのですから、感謝の気持ちを込めてできる範囲で最高のケアをしてあげたいものです。犬は飼い主さんのイライラ（負の感情）を敏感に察知して傷つくこともあるので、ひとりに負担がかかりすぎないよう、家族みんなで協力・分担して行いましょう。

また、何事も「備えあれば憂いなし」と言うように、介護生活に向けて若いうちからできることを実践してください。まずは、栄養バランスの良い食事で基礎的な体力・生命力を高めて、運動もしっかりして筋力をつけておくこと。いざ介護が必要となったときに世話しやすいよう、日ごろから信頼関係を築き上げておくことも大事です。抱っこやブラッシング、爪切り、歯みがきなども、若いうちから愛犬がすんなり受け入れられるようにしておくといいですね。

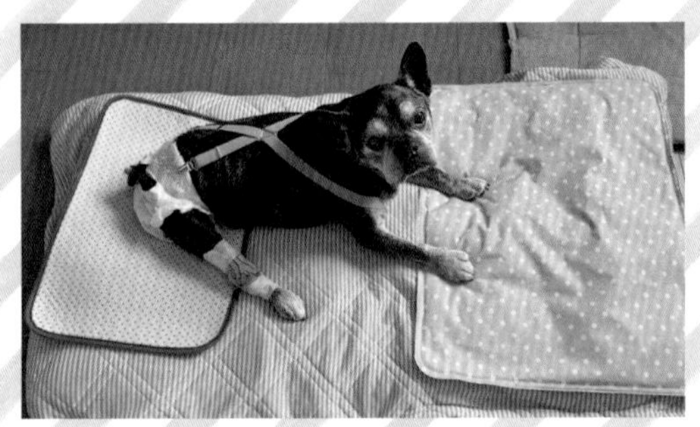

介護はがんばりすぎないことも大事。手助けを頼める人がいたらお願いしましょう。

Part3

フレンチ・ブルドッグのしつけとトレーニング

かわいがるだけではなく、節度ある関係を築くのが理想的。飼い主さんと愛犬がお互い気持ち良く過ごすため、基本のしつけやトレーニングを行いましょう。

基本のしつけ

空気を読んで行動できるフレブルに成長させて、愛犬との生活をより快適にしましょう。

信頼関係を築いて オトナなフレブルに

フレンチ・ブルドッグは「皆に愛されたい」という気持ちが強い子が多く、パワフルかつ遊び好きで甘えん坊な犬種。しつけのシーンでは、頑固な一面もありますが、そんな特性をうまく発揮させることで、楽しみながら遊びのコツやコマンドを覚えてくれます。そのためには、ワンコがステップアップしやすいように、次のような段階を踏ませることが必要です。

①愛情や刺激を求める気持ちが満足する
↓
②指示を聞くことができる
↓
③自分で判断して行動できる

どんなしつけを覚えさせるにも、まずはワンコに「愛されている」という満足感を与え、信頼関係を築くことが大切。フレブルは気を許した相手に共感する力が強いため、飼い主さんとの距離が近くなれば近くなるほど「こうしてほしい」というこちらのお願いも素直に聞いてくれるようになるのです。

一方的に言うことを聞かせるのではなく、お互いを尊重し合う双方向コミュニケーションが大事なのは、人間もワンコも同じ。親密度を上げながら、着実に成長させてあげてください。

絆を深める

まずは、遊びやお散歩などで
犬の欲求を満たして、
交流を深めましょう。

①満足度の高い遊び方

1 座った状態でオモチャを動かします。アクションをやや大きめにすると、犬が遊びに乗ってきてくれます。

2 犬が興奮しすぎる前にオモチャを飼い主さんの体に引き付けた状態で止め、「ハナセ」と声をかけます。

3 オモチャを動かさないままでいると、犬があきらめてオモチャを放します。放したらほめてあげます。

②モッテコイ

最初はオモチャを２つ用意し、１つを投げて持って来たらもう一方を投げることで、遊び方を教えます。持って来たら、よくほめてあげましょう。

memo

引っ張り合いでは犬が興奮しすぎるのを防ぐため、定期的にクールダウンさせましょう。

③お散歩を充実させるコツ

1 お散歩は、歩くコースやペース、ニオイを嗅いで良い場所を飼い主さんが決めてリーダーシップを取ります。運動とコミュニケーションの欲求を十分満たしてあげてください。

2 犬がさっさと進み、リードが張った状態になったら一度立ち止まり、犬が止まってから再び歩き出します。ここでは、リードを引き付けなくてOK。

犬が引っ張って、リードを一直線に張った状態はNG。犬と飼い主さんのあいだでつねにたわんだ状態をキープできるようにしましょう。

3 このとき、犬が目を合わせたり、近くまで戻って来たら飼い主さんへの信頼の証。その行動を見逃さずにほめてあげましょう。

基本のコマンド指示を教える

できるようになったコマンドは、交流のひとつの手段として楽しみながら続けて練習を。

①アイコンタクト

おやつを飼い主さんの目の横に持って来て、目が合ったらほめておやつを与えます。次に「ミテ」と声をかけてからおやつを目の横に持っていき、コマンドを覚えさせます。

②オスワリ

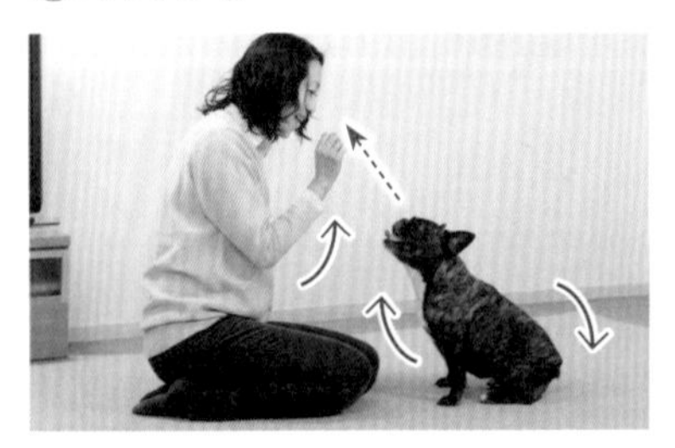

1 おやつを持った手を犬の鼻先から上に上げると、おやつを目で追って犬の頭が上がり、座る体勢に誘導できます。

POINT

飼い主さんの笑顔やほめ言葉、なでるなどのスキンシップ、おやつなど、ごほうびの種類はさまざま。愛犬にとってどれがどの程度魅力的か把握し、教えることの難易度に応じて使い分けましょう。

2 犬が座ったら、ほめておやつをあげます。できるようになったら「スワレ」と声をかけてから、おやつで誘導しましょう。

③フセ

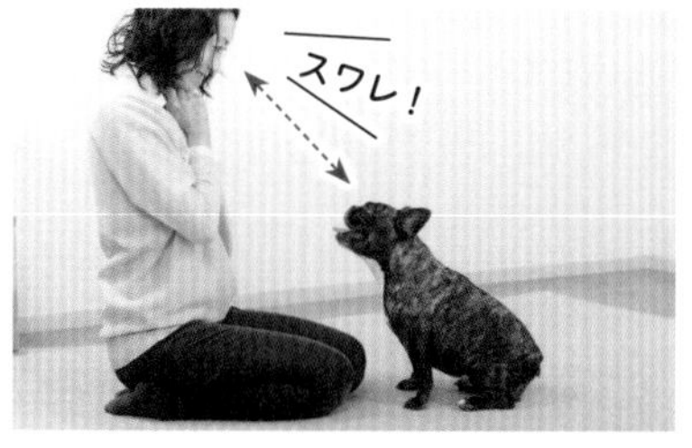

1 オスワリをさせた状態からフセにつなげるようにして覚えさせます。まず、「スワレ」の指示を出します。

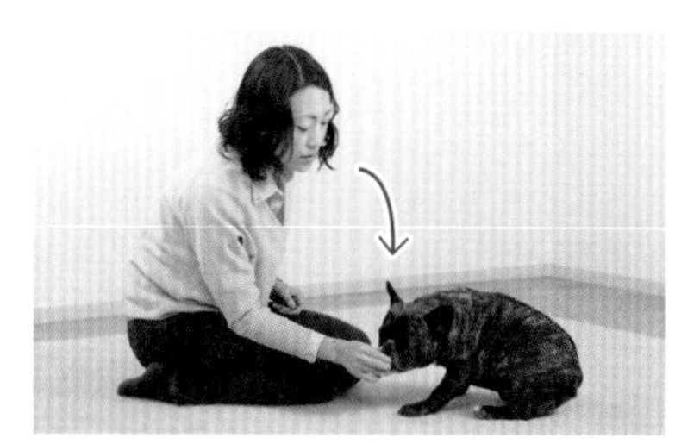

2 あらかじめ手に持ったおやつを、犬の顔の近くを通るようにしてゆっくりと下げていきます。

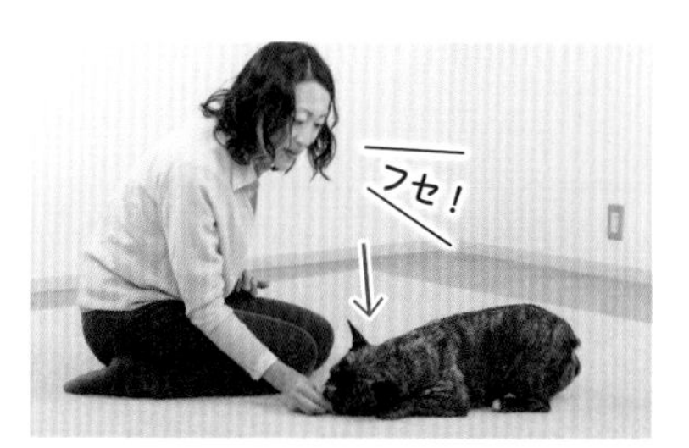

3 おやつにつられて犬の体勢が低くなり、ひじが床についたらほめます。それができたら「フセ」と声をかけてから、おやつを下げてコマンドを覚えさせます。

頭だけ下がっていたり、ひじが床についていない状態はフセとして不十分。ちゃんとしたフセの姿勢が誘導できるようになってから、コマンドを覚えさせましょう。

④マテ

1 オスワリをさせた状態で、おやつを持ったハンドサインを犬の鼻先で出し、「マテ」と声をかけます。

2 おやつを持っている手を飼い主さんの横に移動させて犬を動かします。このとき「ヨシ」と声をかけ、「ヨシと言われる＝動く」と覚えさせます。

3 慣れてきたら、おやつなしのハンドサインとコマンドでマテができるようにします。飼い主さんが立った状態で後ろに下がるなど、徐々にハードルを上げていきましょう。最後に必ず「ヨシ」で動かし、解除までを一連の動作として覚えさせます。

POINT

フレブルは、飼い主さんの感情に影響されやすい傾向があります。うまくできたら、笑顔でテンション高めにほめてみて。一緒に喜びを分かち合うことができて、犬も気持ち良く練習できます。

⑤オイデ

1 手に持ったおやつを犬に見せた状態で「オイデ」と言いながらゆっくり後ろに下がります。犬が追って来たらおやつをあげてほめ、コマンドを覚えさせましょう。

2 ついて来られるようになったら、ふたりのあいだを行き来する形にチャレンジ。最初は近い距離からスタートして、ひとりがおやつを見せて「オイデ」と声をかけます。

3 呼んだ人のもとに犬が来たら、おやつを与えて「イイコ」とほめます。

4 次はもう一方の人が同様に「オイデ」と声をかけ、犬が来たらほめます。慣れてきたら、ふたりのあいだの距離を伸ばしていきましょう。

memo

「オイデ」と一緒に名前を呼ぶのも良いでしょう。犬を呼ぶときはアイコンタクトを取ってください。

〈セルフコントロール〉

日常生活での応用

犬が自分で状況を判断し、
落ち着いて行動できる
段階がゴールです。

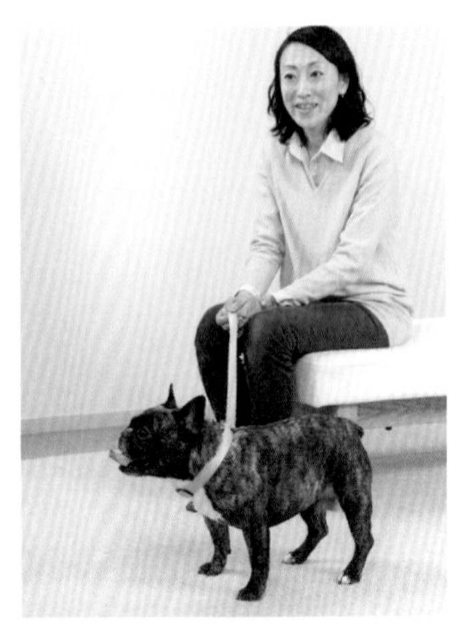

1 飼い主さんは適当な場所に座り、リードを短く持つか、短めに足でふみ、犬をしばらく放っておきます。犬が多少吠えてもそのままにしておく必要があるため、最初は屋内で挑戦するとよいでしょう。

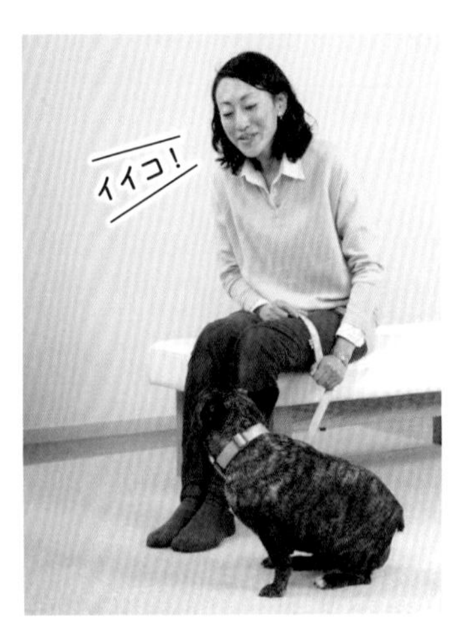

2 犬が落ち着いて自分から座ったり、フセをしたりしたら「イイコ」と軽く声をかけます。ほめ方は興奮させないように低めのテンションで。おやつも不要です。

これができると、
動物病院などでも
役に立ちます

〈日常での活用例〉

「食卓の側で静かにする」という設定で、テーブルの近くでオスワリをさせます。アイコンタクトをして「オスワリ」と声をかけ、座ったらおやつをあげます。

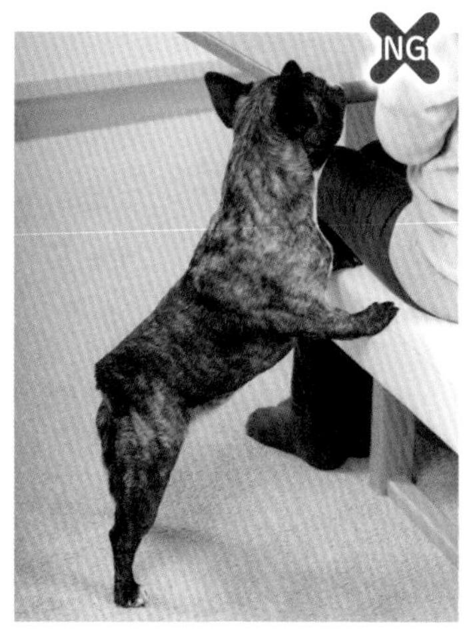

犬がイスに足をかけたり騒いだりした場合は無視します。セルフコントロールの練習と一緒に行えば、「オスワリ」と指示を出さなくても座ったり、伏せたりしてリラックスできるようになります。

フレブルの行動学

愛犬の行動の背景にある理由を理解して、よりしあわせな暮らしを実現しましょう。

愛犬のタイプを見きわめて その犬に合った接し方を

フレブルは愛嬌のある魅力的な犬種ですが、一部では「怒ったり興奮しやすいので、扱いが難しい」と言われることもあるようです。

確かにそんな一面もありますが、すべてのフレブルがそうだというわけではありません。一般にフレブルのなかには、フレンドリーで穏やかなタイプと、ふだんはふつうでも突然スイッチが入ったように興奮したり怒りだすことのある「アクティブ派」の2種類がいて、後者を見たときに「難しい」と感じることがあるのかもしれません。

アクティブ派も、けっして気性が荒いとか気難しいわけではありません。怒るときは運動不足やほかの犬を前にした緊張など、その犬が何らかのストレスや不満を感じている現れで、それを解消してあげれば落ち着く場合がほとんどです。飼い主さんには、愛犬が何らかのタイミングでスイッチが入って興奮したり怒ったりしても「悪い子だ」と決めつけずに、何を求めているのかを考えてあげてほしいと思います。

次ページからは、愛犬がアクティブ派でもトラブルなく平和に暮らしていけるよう、日常生活の場面ごとの犬の行動と接し方について紹介します。「何を思って行動しているのか」をつかんでうまくコントロールすることで、より充実したフレブル・ライフを送ってください。

〈ふだんの生活のなかで〉

スキンシップをとる

最初は犬の表情や動きをしっかりチェックしつつさわってみて。

スキンシップは、飼い主さんと愛犬の距離を縮めるための大事なステップ。フレブルで気をつけたいのは、マズルやしっぽが短いため、顔を反らしたりしっぽを振ったりといったボディランゲージがほかの犬種よりもわかりにくいこと。慣れないうちは嫌がっているのか喜んでいるのかが読み取りにくいので、突然吠えられたり、噛まれたりすることもあるかもしれません。

そんなとき、犬をしかってはいけません。犬からすると「嫌なことを我慢していた」のがある時点で耐えられなくなったのであって、理由もなく怒ったわけではないのです。怒る前に表情や顔の動きなど何らかのサインを出していたはずですので、それに気づけるようになりましょう。

また、犬によってスキンシップに好き嫌いがあり、さらに細かいさわり方やそのときの気分によっても反応が異なるのはほかの犬種と同じ。よく観察してみてください。

最初は犬の表情や動きをしっかりチェックし、嫌がっていないことを確認しながら慎重に体にさわりましょう。

一緒に遊ぶ

まずは遊び方を教えて、
徐々に運動量を増やします。

フレブルは意外と運動能力が高く、必要な運動量も多い犬種です。呼吸が苦しくなりやすいので激しい運動には要注意ですが、環境（気温など）や呼吸の状態に気をつけながらであれば、たっぷり運動をさせてエネルギーを発散させたほうが精神的にも落ち着くのです。

お散歩やドッグランで遊ぶのもいいですが、室内で飼い主さんとオモチャで一緒に遊ぶコツを覚えれば、暑くて外に出づらい夏に便利です。おすすめは引っ張り合いができるロープ系のオモチャや、投げて「モッテコイ」ができるボール。興奮しすぎないように飼い主さんが様子を見てコントロールできるほか、一緒に遊ぶことで犬との絆も深まります。

また、いつもと違うコースの散歩や初めての場所にお出かけすることも、ストレス解消につながります。

〈トラブルを防止したいときに〉

興奮してしまったとき

首輪やリードで動きを
制限するのが
ポイントです。

何かのきっかけで犬が興奮してしまったら、まず暴れたり噛んだりしないように捕まえる必要があります。後ろに回って首輪（難しければリード）を手でつかみ、その場で犬の動きを止めてクールダウンするまで待ちます。犬が落ち着かないうちに抱き上げたり移動させようとすると、余計に暴れるのでNGです。

このとき注意したいのは、犬の体を無理に押さえ込んだり、足を強くつかんだりしないこと。興奮しているときにそうされると、犬は危険を感じて身を守るために抵抗します。首輪やリードを使って、犬が痛みや苦痛を感じないように動きを制限することが重要なのです。

落ち着かせるときは、もう一方の手で犬の体をやさしくなでたり、「大丈夫だよ」と声をかけて安心させてください。

捕まえてクールダウンしているあいだは、もう一方の手や足を犬の体に添えると体勢が安定します。

スイッチが入りそうなとき

基本のコマンドが入っていれば、コマンドを出すだけでOKです。

愛犬の行動を観察していると、興奮のスイッチが入りそうな雰囲気がわかるようになると思います。たとえば知らない犬や人がたくさんいる状況や、初めて行く場所などで緊張状態が続くとストレスがかかり、何かの拍子で爆発してしまいます。その犬特有の落ち着かないサイン（あくびをする、呼吸が早くなるなど）があると思いますので、それらの兆候が見られたら興奮するのを防いであげてください。

対処法としては、ほかの犬など気になる対象がいる場合は、まずそこから気を反らせること。おやつやフードを使って気を引くほか、「オスワリ」などのコマンドを出すことで対象から意識を引き離して落ち着かせます。このときも、無理に犬の体を引っ張って刺激しないように気をつけましょう。

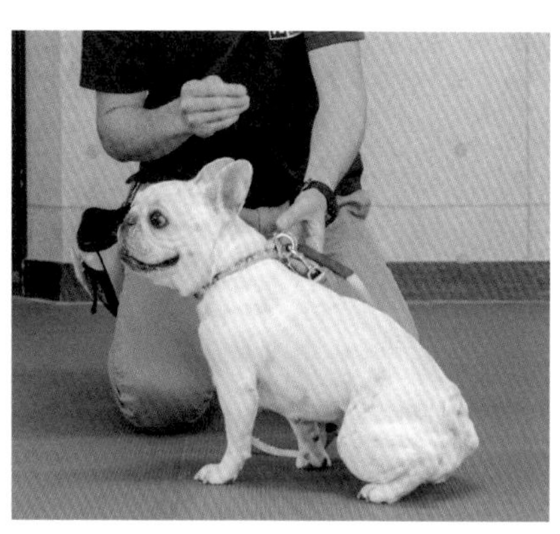

おやつで視線を誘導し、気になる対象から気を反らさせます。

“興奮スイッチ”ポイント

スイッチが入りやすい場面を覚えてくと、うまく避けることができます。

ほかの犬や人と接触している

ほかの犬や家族以外の人と接すると、緊張する犬も多いもの。社会化が十分にできていない犬だけでなく、ふだんは平気でほかの犬と交流しているような犬でも、そのときの状況や相手との相性によってはストレスに感じる場合がありますので、油断は禁物です。

あまり親しくない犬や人と接するシチュエーションでは、飼い主さんがつねに愛犬のそばにいると安心です。何かあったときに対応できるほか、愛犬が心細いときには自然と飼い主さんに寄ってきますので、その場を離れるべきかどうかの判断の目安になります。

我慢をさせている

犬が急に怒り出すときは基本的に、それまで不快なことを我慢していたのが、ついに耐えきれなくなったということ。おとなしくしているように見えて、じつはずっとストレスを感じている場合も。

怒らせないだけでなく犬自身に負担をかけないためにも、犬が何か嫌な思いをしていないかどうかを察することが大切です。

犬が不快感を抱く要因は、気温や湿度、騒音、ニオイといった環境的なものと、犬自身の健康状態の2通りがあります。愛犬のそのときの体調や動作をよく見て、異変があったら早めに対処するようにしましょう。

健康上の問題を抱えている

痛い・かゆい・暑い・寒い・体が動かしにくいといった健康上の問題は、そのまま犬にとって不快感とストレスにつながります。持病というほどではなくても細かいトラブルを抱えている犬は多いので、機嫌が悪そうなときはまず体調不良を疑ってみてください。

健康上の問題かどうかの判断の基準は状況によってさまざまですが、食欲が落ちる、水を多く飲む、歩き方がおかしい、体にさわられるのを嫌がる、頻繁に体を掻くといった行動が見られるようなら、動物病院で診てもらうといいでしょう。

フレブルのための トレーニング

スマートな振る舞いを身につけて、
ワンコ界の人気者を目指してみましょう！

まずは「リアルオスワリ」を習得しよう

フレブルをひと言で表すなら、明るくてフレンドリーな「いいヤツ」です。が、ただひとつ残念なのが、妙に興奮しやすいこと。仲良くしたいワンコに出会うとうれしくなり、「仲良くしようよ！ ほら、クンクンさせてよ‼」とグイグイ行ってしまうのです。相手もフレンドリーなら最高に盛り上がるのでしょうが、世の中、そう都合良くはいきません。ほとんどのワンコは、なれなれしく寄ってきて一方的にクンクン嗅ぎまくるフレブルを「面倒くさいヤツ」認定。「ウザいんだよ！」と冷たくあしらったり、「ちょっと怖いんですけど……」と逃げ出したりすることが多いのです。

本当はいいヤツなのに、表現の仕方が良くないせいで嫌がられてしまってはもったいないですよね。愛犬にスマートな振る舞いを教え、ワンコ仲間に受け入れられるようにするのは、飼い主さんの役目です。

「ウザい・怖い・しつこい」と思われてしまうワンコを卒業し、大人の魅力を感じさせる素敵なワンコに進化するための第一歩は、「オスワリ」です。すぐに座ってじっくり待てる「リアルオスワリ」ができれば、ワンコ仲間のあいだで必要なマナーも自然に身についていくはずです。

右側の欄にひとつでもチェックが付いたら、オスワリの学び直しが必要です！

オスワリレベルCheck

- □ いつでもどこでも、確実にできる。
- □ 「オスワリ」と声をかければ、サッと座る。
- □ おやつなどのごほうびを見せなくてもできる。
- □ 「ヨシ」などと解除されるまで座ったままでいられる。

➡リアルオスワリ

- □ 家ではできるけれど、外出先ではできないことがある。
- □ おやつなどのごほうびを見せなければやらない。
- □ 「オスワリ」で座るけれど、すぐに立ったり動いたりする。

➡オスワリもどき

「オスワリ」の意味を知る

落ち着きがない場合は、室内でもリードを付けて練習を。

「オスワリ」という言葉と、「座った姿勢」を結び付けることからスタート。ワンコが「オスワリ」の意味を理解していないと、ごほうび欲しさに「飼い主さんが何か言ってるから、とりあえず座ったり伏せたりしてみる」という行動につながってしまいます。

練習の基本

①ワンコの鼻先におやつを出す。
②「オスワリ」と、ゆっくり声をかける。
③おやつをワンコの頭頂部のほうへゆっくり動かす。
　頭が上がると、自然に腰が下がる。
④お尻が床についたら、しっかりほめておやつを与える。
⑤❶〜❹を繰り返す。
※１回の練習時間は５分ほどでOK。

おやつは、ワンコがなめられるぐらいの距離から頭頂部のほうへ。おやつが遠すぎると目で追っても頭が十分に上がらないため、お尻が下がりません。

ほめ言葉とごほうびは、ワンコが座った瞬間に。いったん座っても立ち上がってからほめたのでは、「オスワリ＝座った姿勢」の意味が正しく伝わりません。

「オスワリ」と落ち着いて声をかけ、手の動きもゆっくりと。何度も声をかけたり、手をせわしなく動かしたりしないように注意します。

「リアルオスワリ」を習得

座っている時間や距離を少しずつ延ばしていきます。

本来の「オスワリ」とは、「座った姿勢でいること」。つまり、座ることができても勝手に立ち上がってしまうのは「オスワリもどき」なのです。

「リアルオスワリ」は、いったん座ったら、飼い主さんが「ＯＫ！」と許可を出すまで座り続けていること。スマートな振る舞いを身につけるための大切な基本です。

練習の基本

第1段階

①ワンコに膝がふれるぐらいの距離で、向かい合ってしゃがむ。
②飼い主さんのあごのあたりでおやつを持つと、ワンコと視線が合いやすい。
③アイコンタクトをとったまま、「オスワリ」と声をかける。
④座った瞬間にほめ、おやつを与える。
⑤ワンコが立ち上がる前に、「OK！」など解除の言葉をかける。
　最初は１秒でも座っていられればOK！
⑥犬が立ち上がったら、「よくできたね」などと軽く声をかける。

Point　立ち上がってから大げさにほめたり、おやつを与えたりしてはダメ！

練習の基本

第3段階 ～距離を伸ばす～

①飼い主さんは立った姿勢でワンコを座らせる。

②ゆっくり1歩下がり、ワンコが動く前に元の位置に戻っておやつを与えて解除する。

③少しずつ❷で下がる距離を伸ばしていく。

第2段階 ～時間を延ばす～

①座らせておやつを与えた後、立ち上がる前にさらにおやつを与え、座っている時間を延ばす。

②ワンコが立ち上がる前に解除する。

memo

最初は2秒に1回ほどのペースでおやつを与えましょう。できてきたら、3秒に1回、4秒に1回……と間隔を空けていきます。解除前に動いてしまったら、おやつは与えずに最初から。

ごほうびは、お尻が床についているとき限定。「オスワリ」を解除してからほめたりおやつを与えたりすると、「動くとごほうびがもらえる」と誤解してしまいます。

アイコンタクトはしっかりと。「リアルオスワリ」は、ワンコと目を合わせることが大切です。おやつを与えるときも向き合ったまま、飼い主さんの「目」からおやつを差し出すつもりで。

大人の歩き方を学ぶ

「飼い主さんと歩くのが楽しい」と気づかせましょう。

ほかのワンコに「ウザい・怖い・しつこい」なんて思われるのは、家の外でもワンコがマイペースで行動するから。お散歩中は、飼い主さんがワンコをコントロールするのがマナーです。

「リアルオスワリ」ができるようになったら、飼い主さんのペースで歩く練習を始めましょう。

練習の基本

①飼い主さんの足の横で「オスワリ」をさせる。
②おやつを見せ、アイコンタクトがとれたらほめておやつを与える。
③「ゴー」などと声をかけ、歩き出す。
④歩きながら飼い主さんの顔とワンコの中間地点（腰の辺り）におやつを出し、アイコンタクトがとれたらおやつを与える。
⑤歩きながら❹をくり返す。言葉でもほめ続ける。

飛びついてくるとき

ワンコの鼻先に手を出して、飛びつけないようにブロック。過剰に反応せず、冷静に対処して。

ワンコが前に出たら、その場で立ち止まる。

おやつなどで誘導して飼い主さんの横に戻し、基本の①からやり直す。

トレーニングを身につける

ここまでのトレーニングの仕上げです。愛されワンコを目指しましょう。

「リアルオスワリ」や「大人の歩き方」の練習を重ねるうちに、ワンコは「飼い主さんのペースに合わせて行動するといいこと（＝ごほうび）がある」と理解します。飼い主さんのコントロールが利くようになることで、スマートな「モテしぐさ」が身につきます。

ワンコ同士のあいさつは3秒

「仲良くしようよ〜」と友だちワンコをクンクンし始めたら、3秒待ってからリードを軽く引いて合図。飼い主さんに注目したところであいさつを切り上げ、歩き始めましょう。

落ち着いた歩き方でお散歩へ

散歩は飼い主さんのペースで。飼い主さんを引っ張ったり、早歩きをしたりしなければ、息も上がりにくいので「フガフガが怖い！」なんて言われることもなくなります。

スルー力を身につける

ほかのワンコに会ったときは、ワンコが突進する前に「オスワリ」を。通り過ぎる相手を座ったまま見送れるようになれば、「ウザいヤツ」なんて汚名も返上できるはずです。

Part4

フレンチ・ブルドッグのお手入れとマッサージ

美しい被毛をキープするには、日々のお手入れが欠かせません。体のお悩みに合ったマッサージも取り入れて、健康維持に役立てましょう。

お手入れの基本

**フレブルのさまざまな特徴をふまえて、
おうちでできる正しいケアの方法を学びましょう。**

顔のしわのケア

しわは清潔にキープしないと、
蒸れてニオイが出ることも。

しわとしわのあいだには、意外にいろいろなものがたまります。涙や目やに、何だかよくわからないゴミなどなど……。しわの中に涙が入ってそのままにしておくと、皮膚がいつも湿った状態に。雑菌が繁殖しやすくなって、気になるニオイや皮膚トラブルの原因になってしまうかもしれません。こまめにお手入れをしましょう。

1 コットンにアイローション（なければ水でもOK）を含ませます。

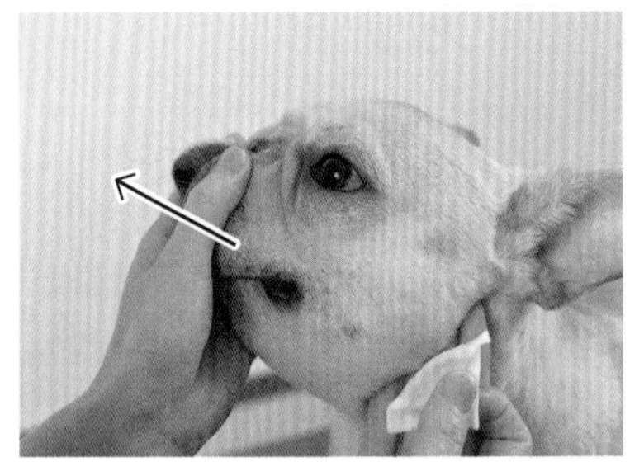

2 左手で顔のしわを伸ばします。力を入れすぎないよう注意。

3 しわの奥まで指を入れ、水分や汚れをやさしくふき取ります。皮膚が弱くない子なら１日に何度でも、涙や汚れに気づいたときにふいてOK。

memo

乾いたタオルでゴシゴシせずに、ローションや水で濡らしたコットンなどを使いましょう。しわの部分の皮膚はデリケートで、痛みを感じやすいからです。

耳のケア

外耳炎など耳の病気を
防ぎましょう。

「耳の病気は垂れ耳のワンコがなるもの」と思われがちですが、じつはフレンチ・ブルドッグも耳が弱いのです。フレブルは皮脂の量が多め。耳の中に皮脂がたまると「皮脂が酸化↓雑菌が繁殖↓外耳炎を発症」なんて事態になることもあります。日ごろから、耳の中の状態やニオイをチェックしておきましょう。

1 耳の中に液体のイヤークリーナーを入れます。少し多めに入れて大丈夫。

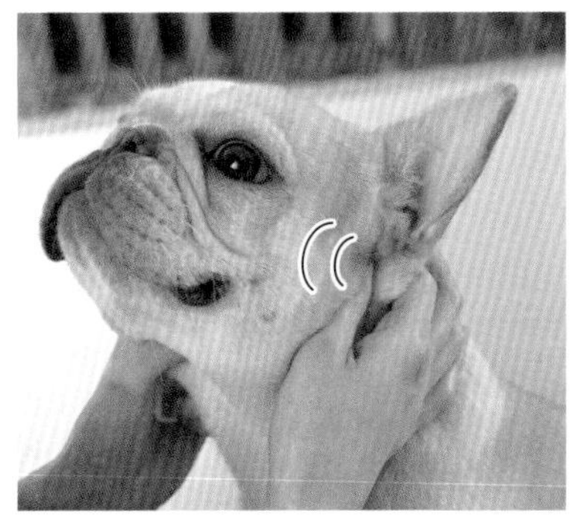

2 耳の付け根に親指を当ててもみます。「クチュクチュ」と音がします。

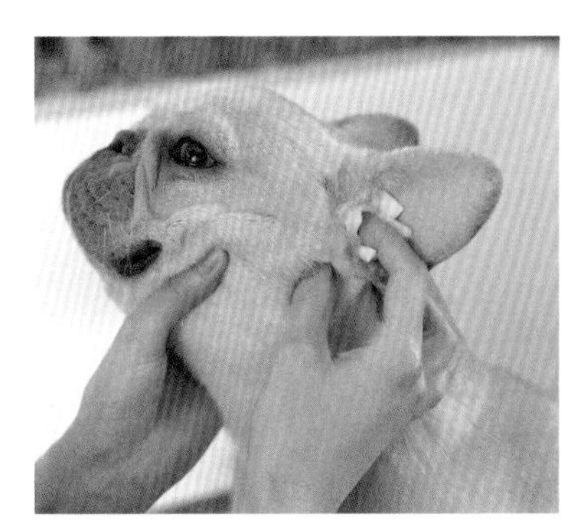

3 コットンを耳の中に軽く押し当て、水分を取ります。

4 コットンを離して「ブルブル」をさせ、余計な水分を飛ばします。ブルブルしないときは、耳に息を吹きかけてみて。

シャンプー

シャンプーを2回、
さらにコンディショナーで
仕上げるとよりきれいに。

ブヒ好きなら知っている人が多いかもしれませんが、フレブルの皮膚はオイリーです。短毛で毛がもつれたりしないので一見きれいに見えますが、皮膚に古い皮脂が付いたままだとちょっと心配。かゆくなったり、雑菌が繁殖して皮膚トラブルが起こったりすることもあります。ニオイも気になってくるので、しっかりきれいにしてあげましょう。

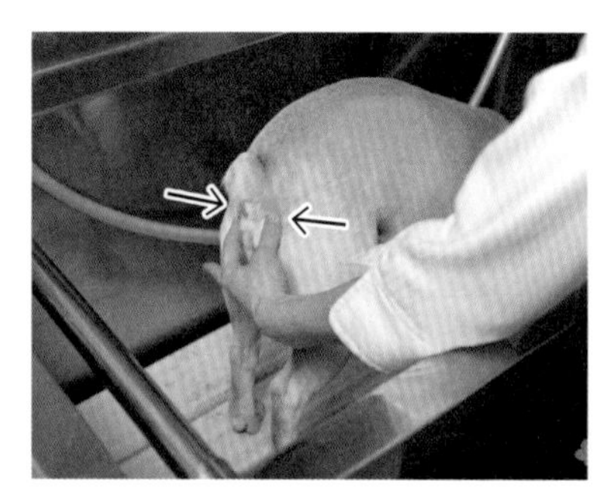

1 肛門腺を絞るのは難しいので、できればでOK。難しそうなら無理をせず、トリミングサロンや動物病院にお願いしましょう。

2 足など、心臓から遠い部分からぬるま湯をかけていきます。シャワーヘッドは体にぴったりくっつけて、音や水が当たる刺激をセーブ。

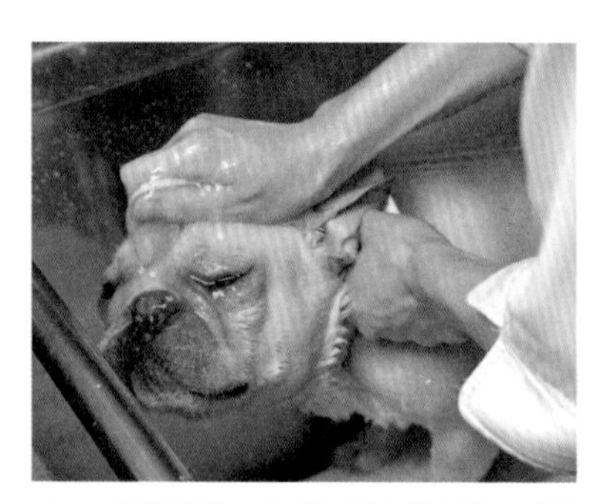

3 顔周りは、スポンジなどを使って濡らします。

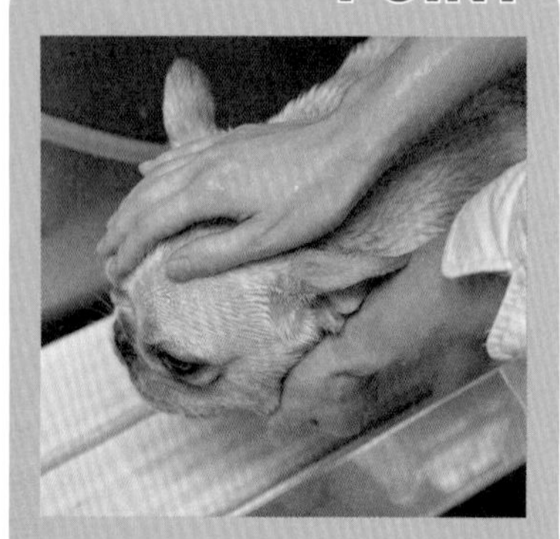

顔周りにシャワーでお湯をかける場合は、必ず顔（鼻）を下へ向けさせて。

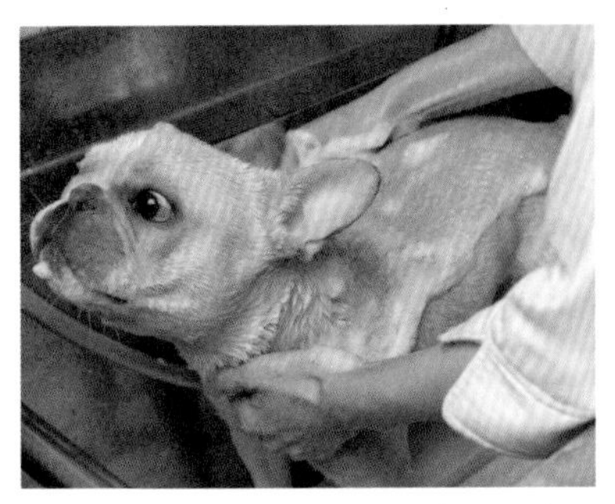

4 薄めて泡立てたシャンプーを全身に付け、指の腹で皮膚をマッサージするように洗います。

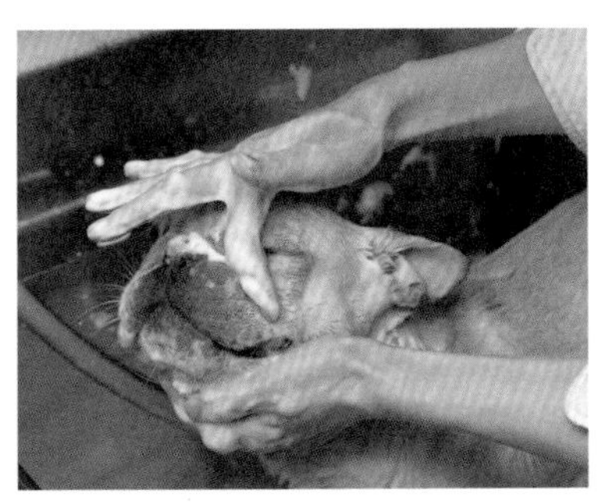

5 足指のあいだや顔のしわの中も、指先を使ってしっかり洗います。

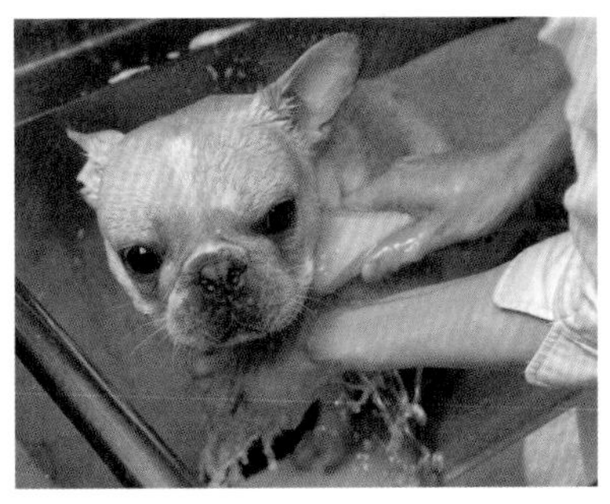

6 ぬるま湯でしっかりすすぎます。その後もう一度シャンプーして流してから、コンディショナーをなじませてよくすすぎます。

7 乾いたタオルで、しっかり水分をふき取ります。タオルを2〜3枚使ってしっかりふいておくと、ドライヤーの時間を短縮できます。

乾かし

とくに皮膚が弱い子は、
しっかり乾かしてあげましょう。

ふいただけだと、毛の根元に水分や抜け毛が残ります。そうすると「皮膚が蒸れる→雑菌が繁殖→かゆみなど皮膚トラブルが起こる」なんてことになってしまうかも。ドライヤーをかけながらブラッシングをすればしっかり乾きますし、抜け毛もきれいに取れます。皮膚にも良いし、抜け毛も減るはずです。

POINT

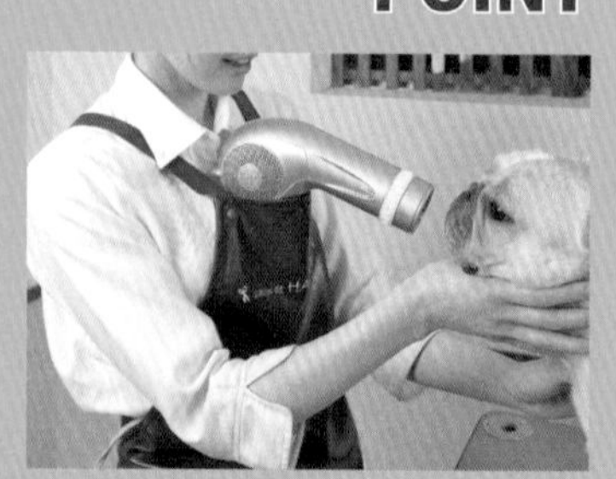

ドライヤーは家庭用でOK。エプロンをすれば、胸当てに持ち手を固定して両手を使えるのでおすすめです。

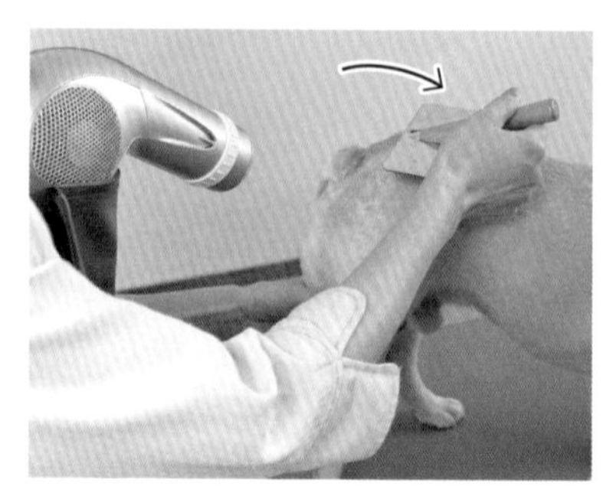

1 ドライヤーでまず温風を当て、乾いたら冷風に切りかえます。体は、スリッカーブラシで毛の流れと反対にとかしながら風を当てます。

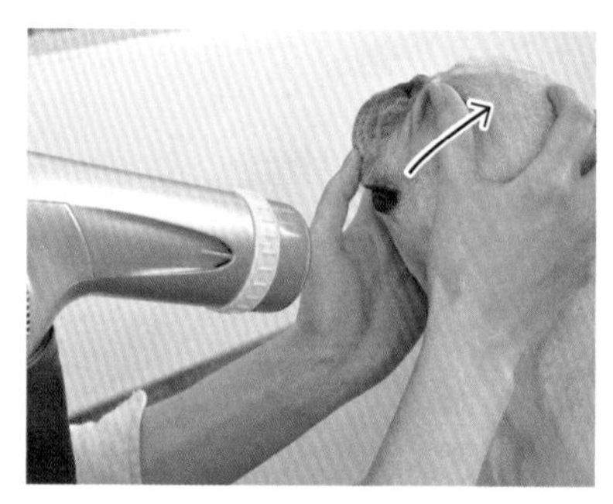

2 顔は下まぶたを持ち上げるようにして目を閉じさせ、しわを伸ばして中まで風を当てます。

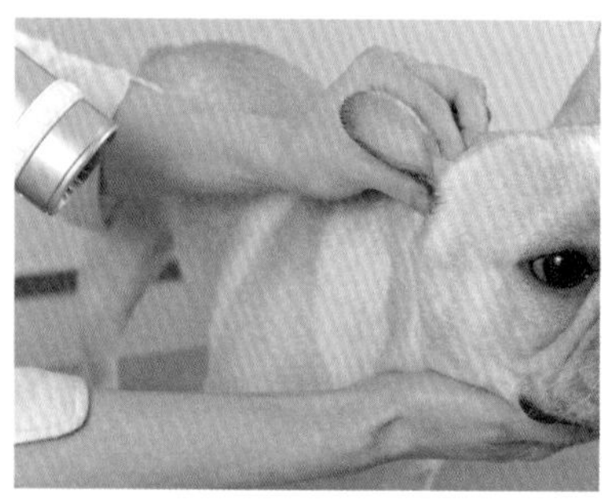

3 耳は、耳の穴を指で軽くふさぐようにして風を当てます。

4 指のあいだや、しっぽの巻きの内側などもしっかり乾かします。

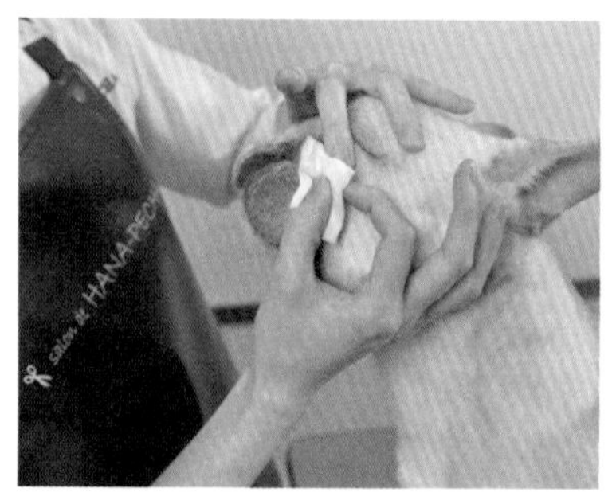

5 全身をなで、冷たい部分があったら乾かし直します。乾いたコットンでしわの中に残った水分をふき取ります。

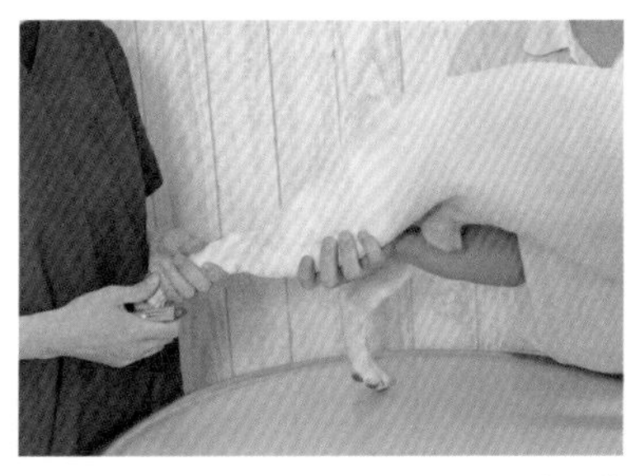

1 ふたり1組になり、ひとりが犬の体を押さえます。後ろ足から、足を斜め後ろに伸ばして切っていきます。

爪切り

2週間に1回が目安です。
前足を外側に広げないよう
注意して。

POINT

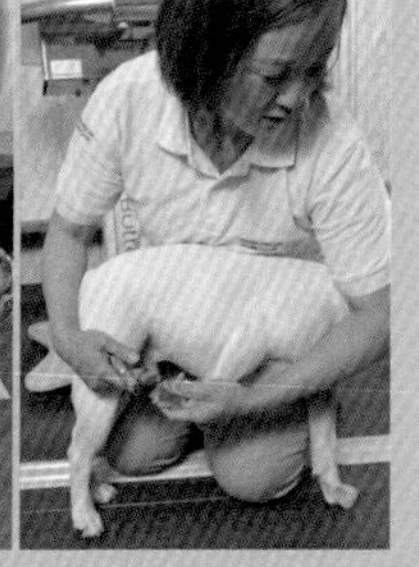

ひとりで切るときは、写真右のように犬を横から抱きかかえ、肘で首の付け根を押さえるか、左のように足で犬の体を挟んで押さえます。

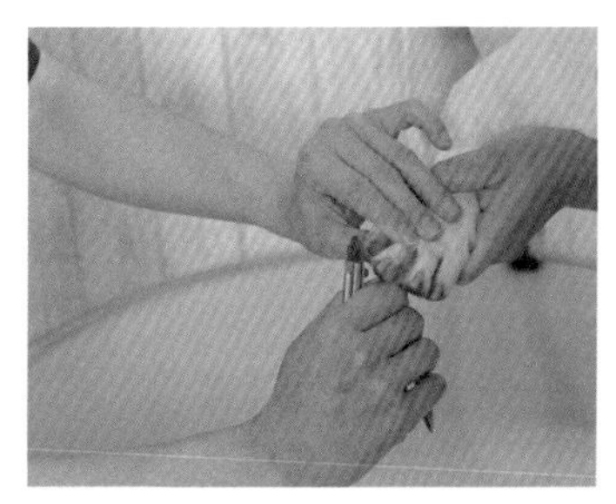

2 前足は前か後ろに伸ばします。血管が通っていない白い部分を数ミリずつ切っていき、出血したらストップしてコットンなどで止血を。

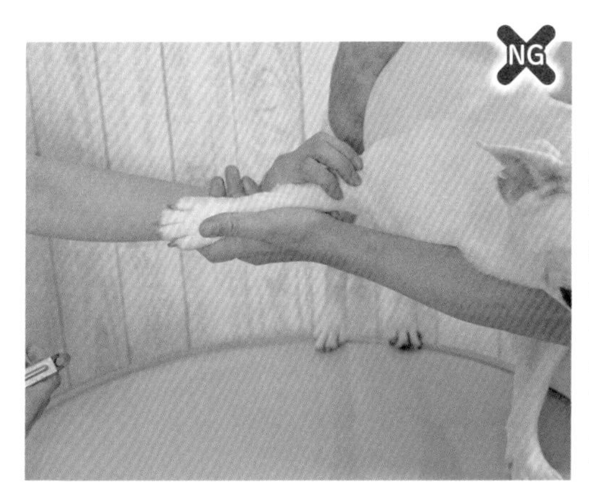

人と骨格が違うので、犬の前足は外側に開かず、前か後ろに伸ばして爪を切ってください。足が滑る場所で切るのも、足腰に負担がかかるのでNG。「今日は右前足」などと決めて少しずつ、嫌がらないようになでながら、もしくはおやつを与えながら、または寝ているときに1本ずつなど、できる範囲で行いましょう。

歯みがき

**愛犬の歯と歯ぐきを守るには、毎日のケアが欠かせません。
コツをつかんで、フレブルの口の健康を守りましょう。**

左の写真の状態で歯ブラシを無理に動かすと、口内を傷つけたり、のどを突いたりする可能性があるので注意しましょう。フレブルは歯並びが悪い子が多く歯垢が付きやすいため、歯みがきは必須です。子犬のころから始めましょう。タイミングは食後でなくてもOK。みがく前には口内炎がないかなど口内の状態もチェックして。

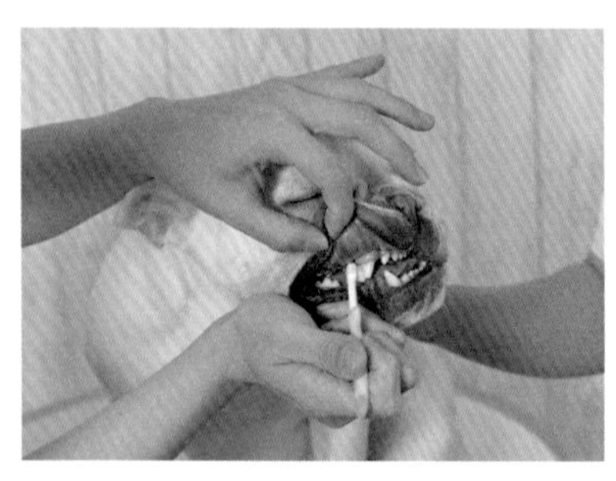

唇を持ち上げて歯をむき出しにさせ、1本ずつ表面の歯垢を取ります。歯ぐきとの境目に歯ブラシをななめ45°で当てていきます。内側は家庭では難しいので無理しないで。

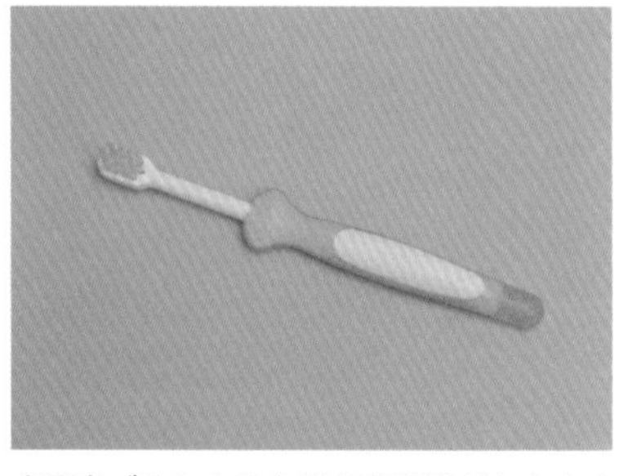

犬用歯ブラシより人間の乳児用がおすすめ。ヘッドが小さくて持ち手が滑らないのでみがきやすく、安価だから頻繁に買い換えられます。

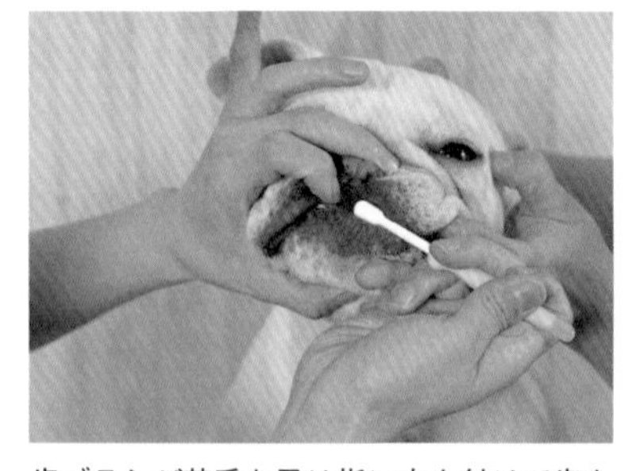

歯ブラシが苦手な子は指に水を付けて歯をこするだけでもかまいません。口腔内に炎症や異常がある場合は、さわると痛がるので気をつけて。

フレブルのためのマッサージ

**ドッグ・マッサージの「イヌなで®」は、
健康維持やスキンシップに効果的といわれています。
フレブルが癒される“ツボ”をおさえましょう。**

愛情を手から伝える

「イヌなで®」は、特別な知識や高度なテクニックなしで愛犬の心と体を癒やせるお手軽メソッド。覚える動作は「なでなで」、「くるくる」、「ひっぱり」の3つだけで、コツさえつかめば誰でも簡単にマッサージが可能です。

ワンコにとって何よりうれしいのは、大好きな飼い主さんの温かい手でふれられること。1日に10分、難しければ5分・3分でもかまわないので、愛犬と飼い主さんだけの時間を設けてください。

そして、マッサージをするときはまず飼い主さん自身がリラックスしましょう。イライラしたり時間に追われて焦っていると、〝負の感情〟が手から愛犬に伝わってしまいます。せっかく「癒やしてあげたい」と思いマッサージをしているのに、かえってストレスを与えてしまうことも。心を落ち着かせ、穏やかな気持ちで愛犬と向き合ってください。

※「イヌなで®」は医療行為ではありません。体調に異変があるときは動物病院を受診しましょう。持病がある場合は、マッサージをしてもいいか事前に獣医師に確認を。

マッサージは毎日続けましょう！

「イヌなで®」をするときの注意

- まずは飼い主さん自身がリラックス
- 愛犬が落ち着ける静かな空間で行う
- 飼い主さんの爪を短く切り、時計やアクセサリーは外す
- 愛犬が嫌がっていたら無理強いしない
- 力を抜いてやさしくふれる

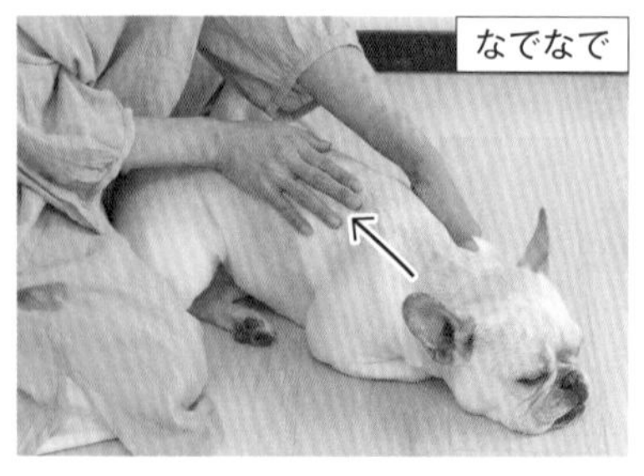

手のひらを犬の体に密着させ、ゆっくり呼吸をしながらやさしくなでます。逆の手は犬の体に添えて支えましょう。なでる向きは基本的に一方向に。

3つの基本動作

まずは基本的な手の動きをマスターしましょう。

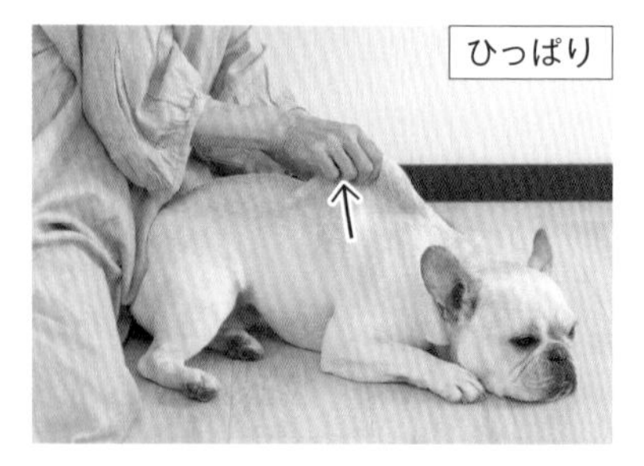

皮膚をそっとつかみ、ゆっくりと上に引き上げます。両手でも、片手で持ち上げて逆の手で犬の体を支えてもかまいません。

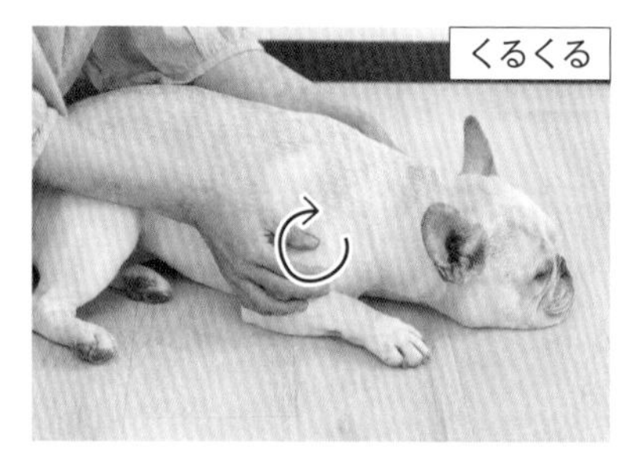

親指以外の４本の指（その犬のサイズや反応に合わせて調整OK）を軽く立てて、指の腹で小さく円を描くようにもみます。グリグリと力を入れすぎるのは禁物です。

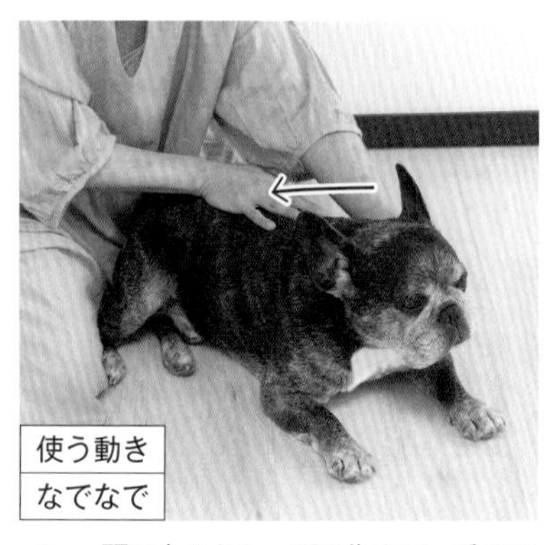

1 頭の上からしっぽの先まで、手のひら全体を使って上から下へなでます。逆の手は必ず犬の体に添えて。

落ち着かせたいときに

準備運動として最初に行うのがおすすめです。

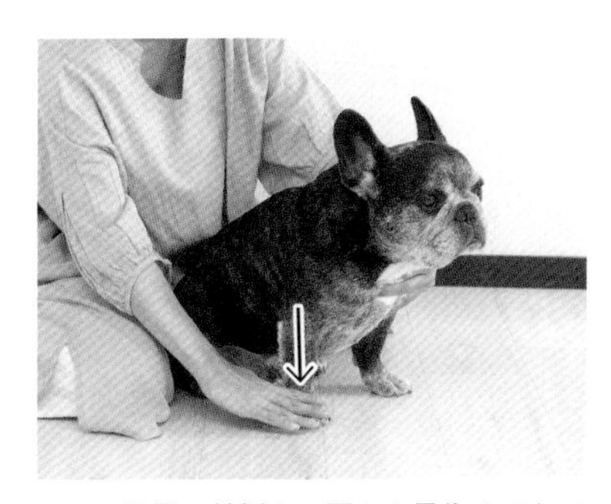

2 前足の外側を、肩から足先までなでます。

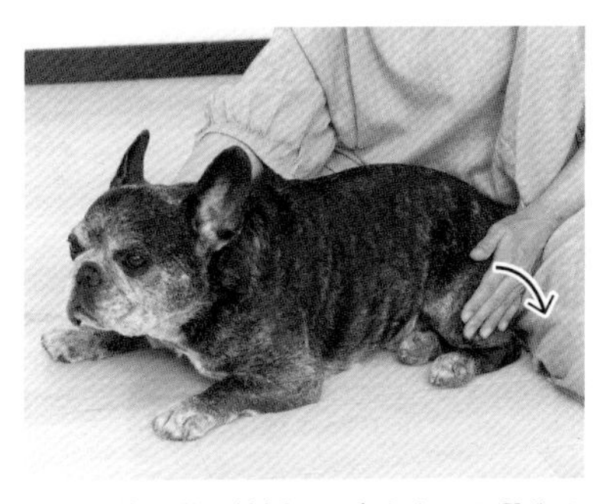

3 後ろ足の外側を、太ももから足先までなでます。

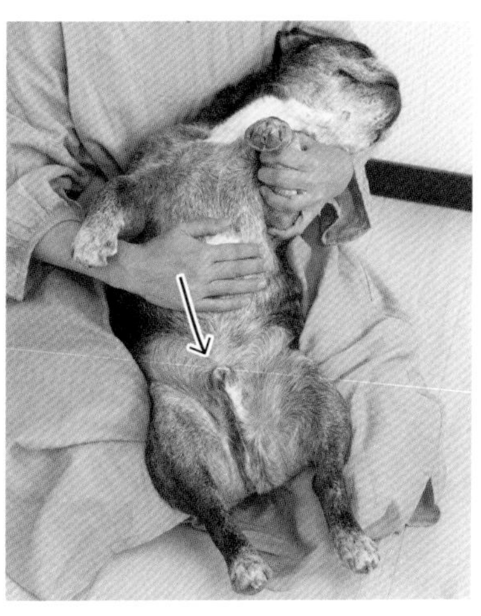

4 犬をひざの上で仰向けに寝かせ、あごの下〜おなかを大きくなでます。

5 前足を伸ばし、付け根〜足先の内側をなでます。

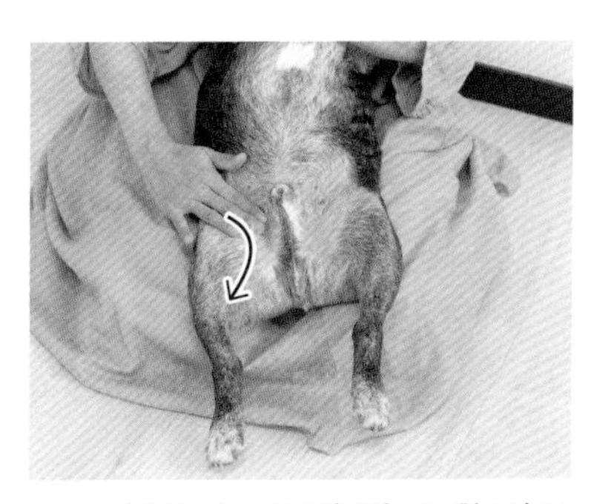

6 内股のあたりに手を当て、膝に向けてなでます。

POINT

仰向けにするのは、足の内側やお腹をしっかり見てなでるため。なでる場所がズレると効果が半減してしまいます。嫌がる場合は、立たせたままかオスワリの体勢でもOK。

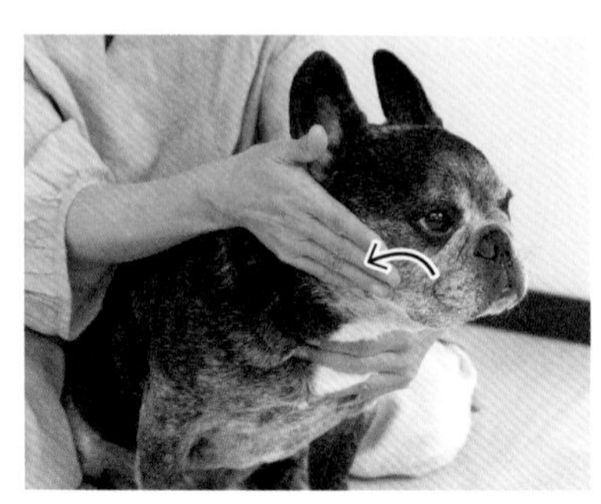

7 最後に顔をなでます。本来は鼻先～頬をなでますが、鼻ペチャ犬の場合は頬をなでるイメージで。指が目に入らないように注意しましょう。

首と肩のコリに

肩～前足の疲れを
ほぐしてあげましょう。

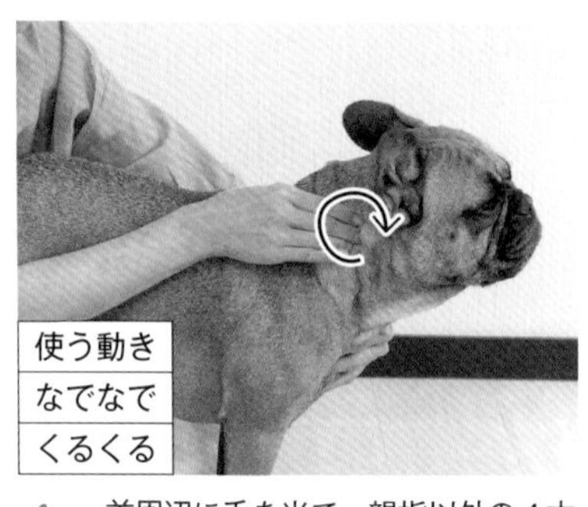

1 首周辺に手を当て、親指以外の４本の指の腹で円を描くようにもみます。

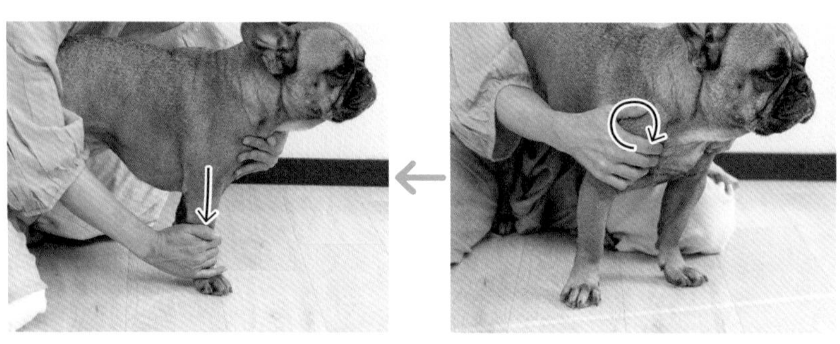

2 親指以外の４本の指を肩の前にあるくぼみに当て、親指を添えて指の腹で円を描くように軽くもみます。その後、足を手で包み、前足の付け根～足先までなでます。

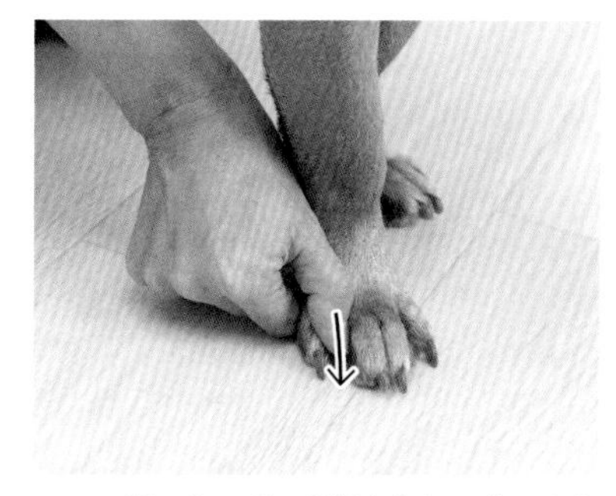

3 指のあいだに親指を入れ、水かきを外へ向けてなでます。

背中のハリに

背中は意外と張っています。
やわらかくほぐしましょう。

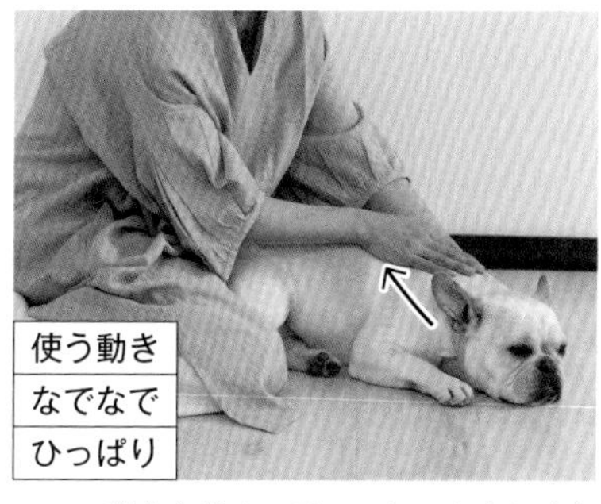

1 背中全体を、手のひらでやさしくなでます。

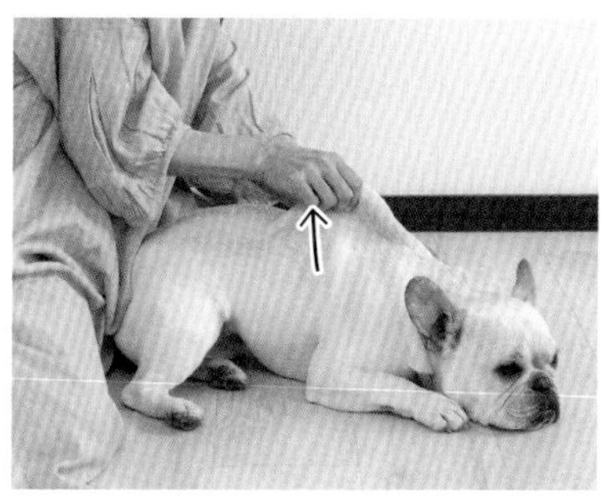

2 お尻〜首の付け根まで、背骨に平行に皮膚を持ち上げます。下から上へ、2〜3か所持ち上げましょう。

3 背骨に垂直に皮膚を持ち上げます。お尻〜首の付け根へ、2〜3か所持ち上げましょう。その状態で、手首を前後にひねって皮膚を刺激するのもおすすめ。

足腰のトラブルに

筋肉をほぐして、
足腰の健康キープを
サポートしてあげましょう。

1 太ももの内側に４本の指を当て、指の腹で円を描くようにもみます。デリケートな部位なので、さする程度で。

犬が足をさわられるのを嫌がるときは、無理せずできる範囲でマッサージしてあげて。興奮したら、全身をやさしくなでて落ち着かせましょう。

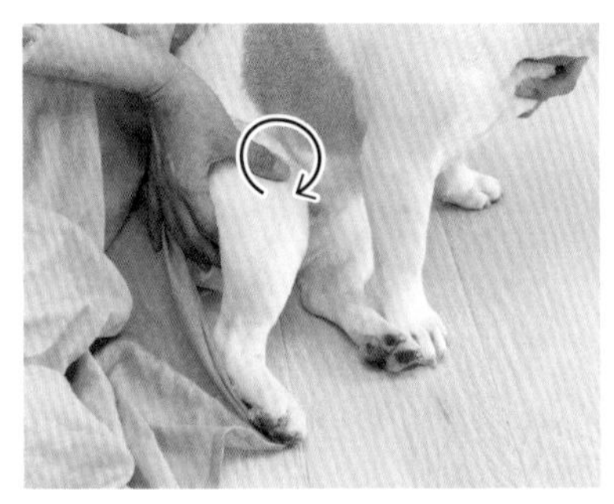

2 親指を太ももに当て、円を描くようにもみます。少しずつ場所をずらし、太もも全体をもみほぐしましょう。

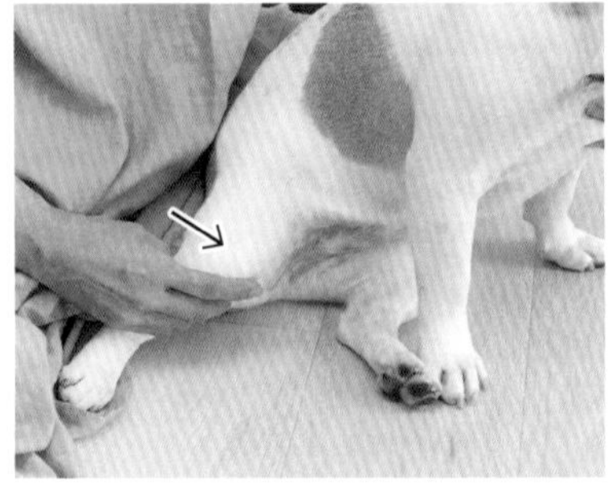

3 膝の後ろには足腰に効くツボがあります。親指を当て、指の腹で円を描くようにもみます。

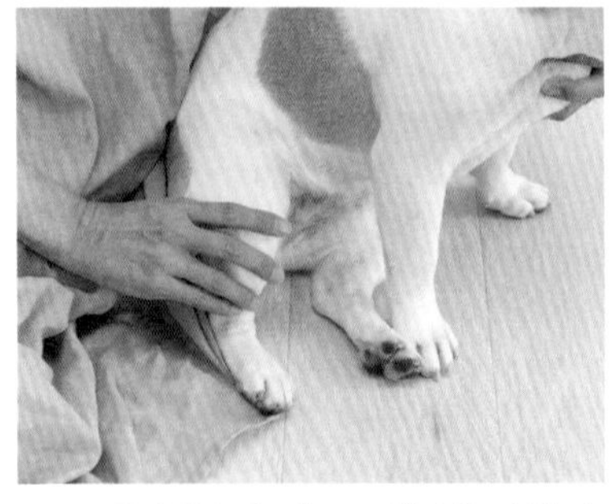

4 後ろ足を手で包み、付け根〜足先までなでます。

Part5

フレンチ・ブルドッグのかかりやすい病気&栄養・食事

フレブルがかかりやすい病気についてわかりやすく
解説します。注意したい病気とその対策、さらに
栄養学の基礎と食事に関しても学んでいきましょう。

呼吸器の病気

短頭種なら避けて通れないのが、呼吸器の病気。
症状や治療について知っておきましょう。

短頭種の特徴

フレブルなどの短頭種は、
鼻の構造から呼吸器の病気と
付き合う必要があります。

フレンチ・ブルドッグの鼻ペチャフェイスはチャームポイントですが、呼吸器に関してはウィークポイントでもあります。短頭種は骨格の構成上、鼻から咽頭（いんとう）にかけての気道（上気道）が狭くなっているのです。そのため、呼吸がしづらく、いびきや「ブヒブヒ」といった呼吸音を出しやすいのが特徴。そういった音をかわいいと感じ、短頭種だから当たり前だと思っていませんか？　しかし、実際は呼吸器のトラブルが原因で生じているのだと認識し、放置しないようにしてください。

呼吸器の病気は、寝ているあいだに進行します。起きているときはのどが広がっていますが、眠っているあいだに、気道に抵抗がかかってのどが狭くなるからです。ふだんは元気なワンコでも、いびきをかくようであれば獣医師に相談するようにしましょう。

呼吸器トラブルが軽度で、生涯にわたって様子を見ていくだけで大丈夫なケースも少なくありません。一方で、もし積極的な治療が最善というケースであれば、できるだけ早く病気の徴候を発見して治療を開始することで、愛犬の生活の質を高く保てます。呼吸に関して飼い主さんがよく観察しておくと同時に、定期的に動物病院で呼吸器の状態をチェックしてもらうのが大切です。

症状とサイン

早期発見につながる症状と
サインを見逃さないように
しましょう。

●よく吐く

興奮してガヒガヒと呼吸音をたてた後に吐く場合、呼吸器トラブルが原因かもしれません。呼吸器に問題があると、「咽頭液の喀出（かくしゅつ）」と呼ばれる、白い泡を吐き出すケースが多いでしょう。これは、口とのどと鼻の粘膜がこすれる刺激でガヒガヒと鳴り、咽頭液が出てくる状態です。

飲水時ののどへの刺激により、咽頭液の喀出を起こすことも少なくありません。胃の内容物を吐き出すわけではないので、胃腸炎の内服治療をしても症状がまったく改善されないのが特徴的です。

●あごを何かに乗せて寝る 伏せた姿勢で寝る

気道に問題がなければ、あお向けや横向けで寝られます。しかし、睡眠時無呼吸症などの呼吸器トラブルが疑われるケースでは、伏せた姿勢でしか寝られない、何かにあごを乗せないと寝られないといった症状が見られます。

●いびきをかく

毎日のように、大きないびきをかく場合は、鼻からのどにかけての気道が狭くなっている証拠です。

●立ち止まらずに歩けない

呼吸器疾患が重症になると、息が整うまで動かない、途中で立ち止まるなどの行動がよく見られるようになるでしょう。暑い日でもないのに、散歩に出るとすぐ口を開けてハァハァと荒い呼吸になるのは、鼻呼吸が困難になっている証拠でもあります。

●寝る場所をよく変える 熟睡できていない

呼吸器に問題がある場合、睡眠時に呼吸が苦しくなるために熟睡できず、何度も体勢を変えたり、寝る場所をコロコロと変えたりします。

●ガーガー、ガヒガヒといった呼吸音を出す

運動をしたり興奮したとき、呼吸困難にはならなくても「ガヒガヒ」などと大きな呼吸音を出すのは、のどに問題がある可能性が高めです。たとえば、軟口蓋（上顎の奥にあるひだ）が長い、軟口蓋が分厚いといった要因が挙げられます。そのせいで興奮時に気道が狭くなってしまい、呼吸音が鳴るのです。

短頭種気道症候群

呼吸器疾患が単独または複合的に生じている状態の総称です。

軟口蓋が長すぎたり分厚すぎたりする軟口蓋過長症(なんこうがいかちょうしょう)、鼻孔が生まれつき狭い外鼻(がいび)孔狭窄(こうきょうさく)、鼻の中が狭い鼻腔狭窄症、気管が生まれつき細い気管低形成、これらがいずれか、または複合的に生じている場合、「短頭種気道症候群」と診断されます。
短頭種気道症候群と診断される際の症状で多いのが、いびきをはじめ、ズーズー、ガーガー、グーグー、ヒーヒーといった呼吸音、軽度から重度までの呼吸困難です。

軟口蓋過長症

軟口蓋が気道を塞いでしまい、呼吸がしづらくなる病気です。

酸素は気道へ、飲食物は食道へと分けて送る役割を担うひだが「軟口蓋」です。短頭種は骨格構成上、軟口蓋がのどの奥の狭い部分にあります。そのため、短頭種の軟口蓋が長かったり分厚かったりすると、気道が塞がれやすくなり、スムーズに呼吸することができません。

外鼻孔狭窄

見た目でわかりやすく、症状に気づきやすい病気です。

鼻の穴が狭いのが、外観でわかります。正常な場合は正面から見ると鼻の穴がカンマ型になっていますが、外鼻孔狭窄の場合はL字型です。
犬は通常は鼻呼吸をしますが、外鼻孔狭窄があると鼻の穴から十分な酸素を取り込めません。そのため、努力して鼻呼吸をすることになり、ブヒブヒ、ズーズーといった呼吸音やいびきが生じます。

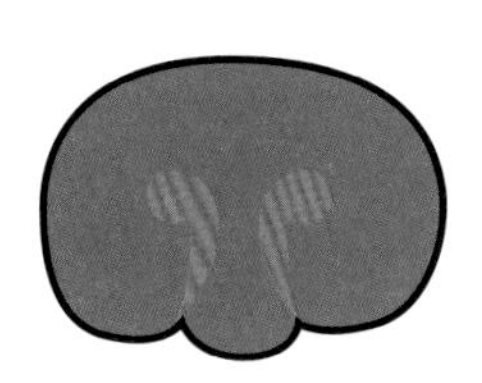

通常［カンマ（,）］

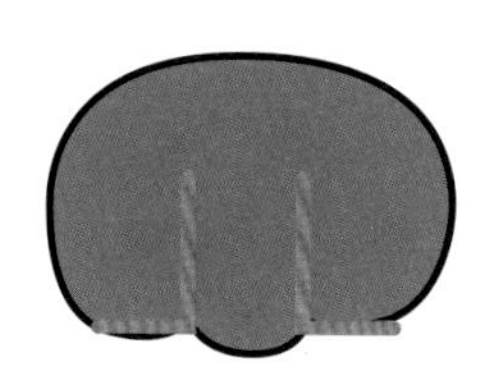

外鼻孔狭窄［L字］

治療

早期の発見と治療開始が
重要です。

個体ごとにどこに問題があるのかを見極めて、対処と治療を行うのが重要になります。短頭種気道症候群は、早期に治療を開始できるかどうかが、シニア期以降の健康状態を左右することも覚えておいてください。

短頭種気道症候群だと診断された場合、4歳までに積極的な治療を実施することが推奨されます。外鼻孔狭窄や軟口蓋過長症などにより上気道が閉塞しやすいと、二次的に睡眠時無呼吸症や、のどが狭くなる喉頭虚脱を招く可能性があるからです。多くの犬では4歳ごろにこうした次のステージに進むため、ステージが低いうちに外科治療を行うのがベストです。

生まれつきではなく、肥満などの後天的な問題で生じた呼吸器トラブルであれば、ダイエットをするなどして手術を回避できるケースもあります。

いずれにしても、呼吸器の問題を早期に治療して解決すれば、その後、呼吸器にトラブルを生じにくくなり元気に暮らせるでしょう。

外科手術

外科治療を行う場合は、早めの治療開始が推奨されます。

外鼻孔狭窄や軟口蓋過長症は、不妊・去勢などの手術時に同時に処置をするケースが多くなっています。

最初は軽症でも、短頭種気道症候群は次第に重症化してきます。外科治療を8〜10歳になって初めて行った場合、4歳以前と比べて術後の様子は異なります。とくに、長年かけて軟骨が変形する病気である喉頭虚脱が生じていると、つぶれてしまったのどを広げることは容易ではありません。鼻の入口は広げられても、のどはつぶれたままの状態で外科治療を終えるしかないのです。

外科治療により呼吸器症状は改善しますが、シニア期以降の手術の場合は完治しない可能性もあります。重症化してからの外科治療では、興奮時の呼吸音、むせやすさ、熱中症リスクも残ることがあると理解しておきましょう。シニア期以降の生活の質を保つためにも、軽症のうちに治療を開始するのが重要です。

短頭種と麻酔

先入観で麻酔を恐れず、リスクに備えて治療をしましょう。

短頭種気道症候群が重症だと、麻酔による窒息トラブルが犬に起こりやすいのは事実です。手術時は気管チューブを入れて気道を確保するので問題ありませんが、もともとの呼吸器トラブルが重度の場合、手術後、目が覚める際にのどが閉まって呼吸困難が起こる可能性が高まるからです。

ただ、手術前の各種検査により、手術後の窒息リスクが低いか高いかの評価ができます。十分な術前検査を実施している動物病院でリスクに備えて手術をすれば、麻酔による大きなトラブルはそれほど起こりません。

飼い主さんが心配であれば、術前検査と、手術中や手術後の適切な呼吸器の処置をしている動物病院を選ぶと良いでしょう。

睡眠時無呼吸

「いびきがかわいい」と
放置してはいけない
病気です。

どんな病気？

文字通り、睡眠時に呼吸が無呼吸になるといった症状が現れる病気です。短頭種気道症候群の症状のひとつと認識されています。

人間の睡眠時無呼吸症候群に関しては、いびきの程度などの診断基準がありますが、犬の場合は寝ているときの酸素濃度を測定するのは難しく、明確な診断基準がありません。ただ、犬にも確実に症状はあります。

睡眠時の大きないびきのほか、胸は動いているのに鼻や口からの呼吸が10秒以上または2呼吸分以上止まる、眠っているときにけいれんするなど、さまざまな症状が認められています。

治療法は？

短頭種気道症候群の治療をすると、多くのケースで睡眠時無呼吸症の症状が緩和されます。不眠があると、愛犬の生活の質が落ちてしまいます。いびきがかわいいからと放置せず、いびきや寝ている際の異常に気づいたら、早めに獣医師に相談しましょう。

逆くしゃみ症候群

短頭種や超小型犬に生じやすいといわれています。

原因

逆くしゃみが起こる原因は、鼻咽頭にある、反射を起こす受容体が刺激を受けること。外に出て急に乾燥した空気が鼻に入る、飲水時に水が鼻に入るといった刺激で、逆くしゃみが出るケースも少なくありません。

ただ、鼻やのどに問題を抱えていない犬では、逆くしゃみは起こりにくいものです。フレブルなど短頭種気道症候群がある場合は、逆くしゃみが起こりやすいことが知られています。また、咽頭や気道に炎症がある状態も、逆くしゃみが生じやすくなる原因です。

逆くしゃみは病気？

逆くしゃみは、刺激による反射なので病気ではありません。息を強く吸う反射が発作的に起こり、通常は数秒～数十秒続き、1分以内に収まることがほとんど。多くのケースで口を閉じ、ズーッズーッ、ヒーッヒーッと息を強く吸います。逆くしゃみが終わったあとの犬は、何ごともなかったかのようにケロっとしているでしょう。

ごくまれに、逆くしゃみでチアノーゼ（舌が紫色になっている状態）が生じて倒れることもあります。その場合は、獣医師に電話で指示を仰ぐなどしてください。

1分せずに収まる逆くしゃみが、週1～月に数回の頻度で起きる程度ならば問題ありません。けれども、逆くしゃみが毎日のように起きる、以前より頻度が増してきた、高齢になって増えてきたという場合は、咽頭気道に問題が生じている可能性があります。獣医師に相談し、なぜ逆くしゃみが何度も起こるのか、検査して確認したほうが良いでしょう。

逆くしゃみ発作時の対処法

逆くしゃみの発作中のワンコは苦しそうに見えるので、飼い主さんとしては心配になるかもしれません。しかし、心配せずに心を落ち着けて、次のような対処をしてみてください。ワンコによっては、逆くしゃみが落ち着く可能性があります。

ただし、ワンコが怖がるようならば、無理に対処しようとせず平常心で見守りましょう。

- のどをやさしくなでる
- ニオイを嗅がせる
- やさしく鼻をふさぐ

飼い主さんができること

次の対策を実施すれば、ワンコの呼吸器を守れます。

●食器の位置を高くする

短頭種は骨格構成上の問題でのどが使いにくく、鼻に飲み水が入ってしまいがち。フレブルにとって、頭が下がりすぎない姿勢で水を飲めれば飲み込みやすく誤嚥をしにくいので、フードボウルの位置はなるべく高めにしましょう。

●落ち着いているときだけ水を与える

呼吸が荒いときに水を飲むと、誤嚥をしてしまう恐れがあります。フレブルがブヒブヒと言いながら興奮しているときは、水を飲ませないようにしましょう。ワンコの呼吸が落ち着いてから、水を飲ませるのが鉄則です。

●部屋を適温に保つ

呼吸器に負担を減らすには、ハァハァと大きく速い口呼吸がワンコに起きないよう、つねに心がけましょう。

重要なことは、鼻呼吸ができる室温をキープすること。犬は呼吸で放熱をしているので、気道閉塞があると熱がうまく出ていかず、熱中症のリスクも高まります。もし口呼吸になってしまったら、エアコンをつけて室温を下げ、うちわや保冷剤なども使い、ワンコの体から熱を逃がせるようにしてください。

エアコンの設定温度は、飼い主さんが快適に過ごせる程度から様子を見ましょう。その室温でもしワンコの口が開くようであれば、設定温度を少し下げてください。

●散歩時はハーネスを使用

呼吸器が弱い犬種は、散歩のときは首輪よりハーネスを使用するのがおすすめです。首からのどにかけて圧がかからないように、心がけてください。ハーネスの種類に関しては、愛犬が快適でいられるものを選ぶと良いでしょう。

●夏の散歩は早朝か夜間に

短頭種との生活では、呼吸器への負荷を減らすために、暑さを避けるのが重要です。夏場の散歩は早朝や日没後の、気温の低い時間帯に行きましょう。

外出時は、クールグッズの活用も有効です。冷感ウェアや保冷剤を仕込めるバンダナなど、愛犬が抵抗なく受け入れてくれるものを選びましょう。ただし、首が短い短頭種は、のどをバンダナで巻かれると苦しさを感じやすいものです。バンダナを使用する際はきつく巻かないでください。首にこだわらず、体のどこを冷やしても体温の上昇を防げます。

椎間板ヘルニア

**予防は難しいものの、早めに対処すれば
それほど怖い病気ではありません。
的確な判断をするために、症状と治療法を学んでおきましょう。**

椎間板ヘルニアとは

椎間板が脊髄（P75　図1～3参照）を圧迫し、さまざまな神経症状が出る病気。痛みや足が動かなくなるといった症状が見られます。手術や安静にすることで回復が可能です。

フレブルがヘルニアにかかりやすいのは、椎間板を含め軟骨全般が変性（構造や性質が変化すること）しやすい遺伝的特徴が主な原因と考えられています。そういう特徴がある犬種を「軟骨異栄養性犬種」と呼び、フレブルのほかにコーギーやダックスフンドなどが含まれます。これらの犬種はヘルニアの発症率が高いというデータがあるのです。遺伝性のヘルニアは予防が難しく、健康管理に気をつけていてもある日突然かかってしまうことがあります。進行が早い場合はある日突然歩けなくなることもあるため、早めにサインを発見して動物病院を受診することが大切です。

治療は、基本的に外科手術を行います。程度が軽いときは安静にして様子を見ることもひとつの選択肢ですが、原因を取りのぞかなければ完治することはありません。愛犬の将来を考え、獣医師と相談した上で最適な治療法を見つけてください。

なお、約90％のフレブルには先天性の椎骨奇形があり、これに伴う椎骨の不安定や亜脱臼が、椎間板ヘルニアと同じく急性～慢性進行性の脊髄障害を起こすと知られています。椎間板ヘルニアとは違い脊椎の不安定を安定化（インプラント固定）する、難易度の高い手術が必要です。

原因と症状

椎間板とは、隣接する2つの脊椎（椎骨）のあいだにあり、これを連結する組織のこと。中心部に弾力のあるゼリー状の髄核、その周りに繊維輪という組織があり、衝撃を吸収することで脊髄という神経を守っています。

この椎間板に何らかの原因で変性が起こり、脊髄が圧迫されて発症するのが椎間板ヘルニアです。激しい痛みのほか、圧迫される神経の場所や状態によってさまざまな症状が起こります（P76～77　表1～2参照）。変性の起こり方によって、次の2種類に大きく分けられます。

Ⅰ型

椎間板が脱水を起こし、ゼリー状の髄核が乾燥して衝撃吸収力が失われます。同時に繊維輪も弱くなり、脊椎に力が加わった拍子に破れて髄核が外に飛び出し、脊髄を圧迫して発症します。なお、フレブルで起こる椎間板ヘルニアのほとんどはⅠ型です。

Ⅱ型

加齢にともなって椎間板が変性し、繊維輪が厚くなって脊髄を圧迫することで発症。成犬〜シニア犬に起こることが多く、老化とともに悪化していきます。

図1
脊椎の位置

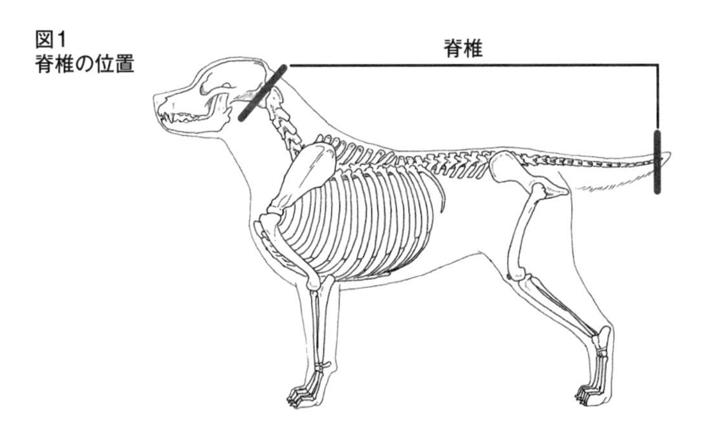

図2
脊椎の拡大図

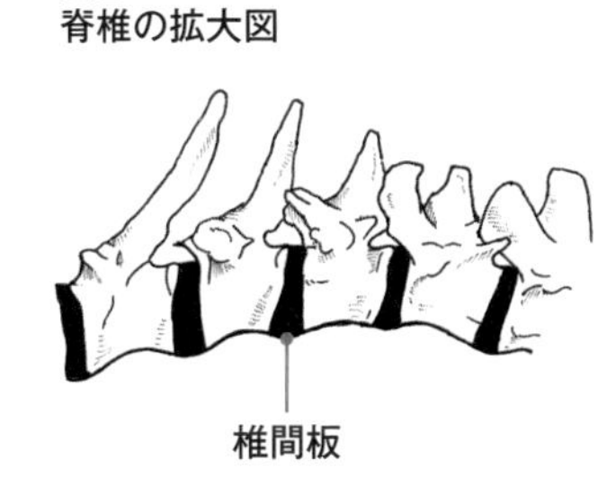

図3
椎間板の断面図

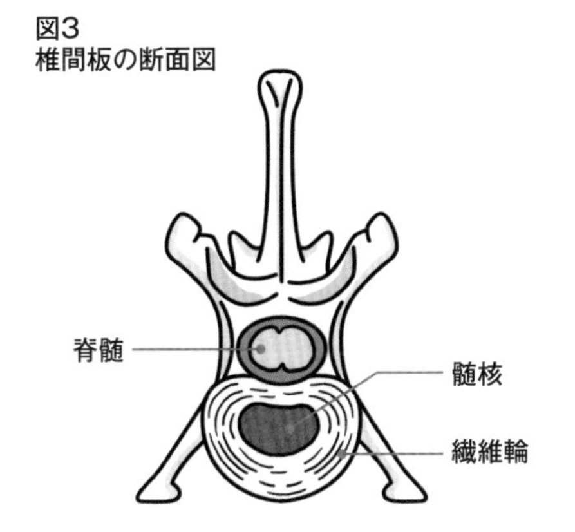

表1　背中と腰（胸腰椎）のグレードと症状

グレード	症状名	症状
1度	脊椎痛	痛みのために背中を丸める姿勢をとる、動きたがらない、抱き上げたときに嫌がる
2度	歩行可能な不全麻痺*、運動失調	後ろ足に力が入らなくなり、ふらつきながら歩く、足先を引きずるため爪がすり減る
3度	歩行不可能な不全麻痺	２度の症状がさらに進む。自力で立ち上がれない、前足だけで進み、後ろ足を引きずるようになる
4度	完全麻痺	後ろ足としっぽが完全に動かなくなった状態。自力で排尿できず、吠えた拍子に尿が漏れることがある
5度	深部痛覚消失	後ろ足としっぽのすべての感覚がなくなる

＊不全麻痺……少しでも動く状態を指し、このなかで軽度・中等度・重度に分かれる。

表2　首（頸椎）のグレード

グレード	症状
1度	首に激しい痛みがあり、首をすくめて動くのを嫌がる、急に悲鳴をあげる
2度	前足・後ろ足に軽い不全麻痺が起こり、歩けるがふらついたり転倒したりする
3度	前足・後ろ足に、起き上がることも歩くこともできない重い不全麻痺が起こる
4度	前足・後ろ足が完全に麻痺して動かなくなる。呼吸機能に障害が現れ、急死する恐れもある

軽い症状だと老化と区別が
つきにくいので、
動物病院での定期的な健診が
大切です

診断

表1～2にあるサインが現れたら、動物病院で次のような検査を行い、ヘルニアかどうか確認します。どの検査が適切かはケースによって異なるため、獣医師による触診などで状態を把握してから相談しましょう。

レントゲン脊髄造影検査

脊髄の圧迫の有無、その状態、固定の必要性などを評価する。

CT脊髄造影検査

脊髄の圧迫の有無、脊髄周囲の骨格や全身の臓器を評価する。

MRI検査

脊髄の圧迫の有無、脊髄や脳の出血、炎症、浮腫（むくみ）、腫瘍などを評価する。

対処法

椎間板ヘルニアだと診断されたら、重症度に応じて「軽度」と「重度」に分け、それぞれ次のような治療を行います。

軽度→保存療法

犬を一定の期間（通常2～4週間）安静に過ごさせることで症状が治まるのを待ちます。完治するわけではなく、犬の性格から安静にすることが難しい場合もあります。

重度→外科手術

脊髄を圧迫している椎間板の一部を取りのぞいたり、椎体（ついたい）（椎間板を構成する椎骨の主要部）を固定する方法などがあります。手術後の経過は、すぐに問題なく歩けるようになるケースから長期的なリハビリが必要になるケースまでさまざま。一般的に、早期に手術をするほど回復しやすい傾向があります。

足を動かせない、痛覚を失うといった重い段階では保存療法による効果はほとんど期待できず、外科手術で脊髄の圧迫そのものを治療する必要があります。軽度でも悪化して重くなる可能性があるため、愛犬の体調の変化を注意深く観察し、気になることがあったら獣医師と相談して再検査を検討してください。

食事や運動に気をつけていても発症することはあるので、健康なころから定期的な健診を受けるのが良いでしょう。

消化器の病気

体質と思ってあきらめず、背景にあるかもしれない
病気を治してあげましょう。

「体質」で終わらせずに原因の特定と対処を

フレブルだけでなくどの犬種でも、ちょくちょく下痢をしたり吐いたりする「お腹の弱い子」はいるものです。飼い主さんも慣れっこで「こういう体質なんだな」と思いがちですが、一定期間続く症状には必ず原因があります。「いつものこと」と見過ごさず、動物病院を受診してください。

フレブルに多いのは、慢性腸症と組織球性潰瘍性大腸炎、そして幽門狭窄（ゆうもんきょうさく）。そのうち慢性腸症は複数のタイプに分かれていてそれぞれに適した治療法があるため、詳しい検査を受けて原因を特定することが重要です。組織球性潰瘍性大腸炎は若いフレブルやボクサーで見られ、早めに投薬を開始して治療します。幽門狭窄は、早めに発見すれば手術で治療できます。

軽い下痢や嘔吐でも、それが続くと犬にとって負担になるもの。原因を取りのぞいて、快適な時間を増やしてあげてください。

消化器の主な病気

●慢性腸症

下痢などの消化器症状が3週間以上続き、その原因が腸にある症候群を総称して「慢性腸症」と呼びます。治療への反応により、食事反応性腸症、抗菌薬反応性腸症、免疫抑制薬反応性腸症、免疫抑制薬非反応性腸症という4つのタイプに分類されます（次ページ参照）。

●組織球性潰瘍性大腸炎（肉芽腫性腸炎）

フレブルとボクサーで見られます。腸の粘膜に細菌が入りこむことで発症し、抗菌薬（内服）で治療します。

●幽門狭窄

何らかの原因で胃の出口（幽門）の筋肉または粘膜がぶ厚くなり、胃から十二指腸へ食べたものを排出できなくなる病気。フレブルでは筋肉が変化して幽門をふさぐケースが多いといわれます。

〈消化器病の分類・早見表〉

★がフレブルでとくに注意したい病気です。

病名	説明
慢性腸症	下痢、嘔吐、元気がなくなる（活動性の低下）といった症状が続き、寄生虫や中毒など消化器以外の原因が考えられない場合はこの病気と診断される。小腸と大腸の両方で起こる可能性あり。
食事反応性腸症	特定の食物への免疫反応（ウイルスなど外敵が体内に入ってくると攻撃する体の働き）が原因で発症。食事を変えることで治療する。
抗菌薬反応性腸症	腸内細菌のバランスが崩れることで発症。特定の抗菌薬を投与すれば回復する。
免疫抑制薬反応性腸症	腸の粘膜が炎症を起こして発症。ほとんどはステロイド剤の投与で治療できる。
免疫抑制薬非反応性腸症（治療抵抗性腸症）	ステロイド剤や免疫抑制薬による治療に反応しない腸症。一部には高分化型リンパ腫（悪性度の低いリンパ腫）も含まれるといわれる。

★幽門狭窄

食べたものの通り道がふさがってしまうため、嘔吐や慢性的な吐き気などの症状が現れる。胃に空気がたまるので、お腹が膨らんで見える。治療では、筋肉（粘膜）が幽門をふさがないようにする手術を行う。短頭種の犬がかかりやすい。

★組織球性潰瘍性大腸炎（肉芽腫性腸炎）

フレブルとボクサーの2犬種に見られる（小腸では起こらない）。遺伝的な要因と思われ、腸の粘膜に細菌が入り込むことで発症。ステロイド剤は効かないので、抗菌薬（内服）で治療する。

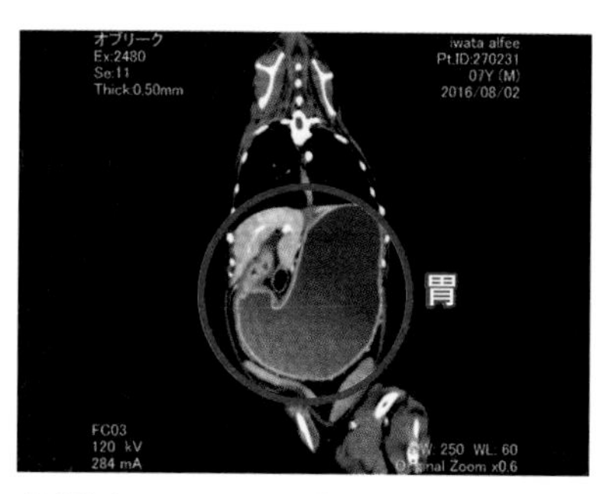

幽門狭窄になったフレブルの胃のCT画像。胃が重度に拡張しています。

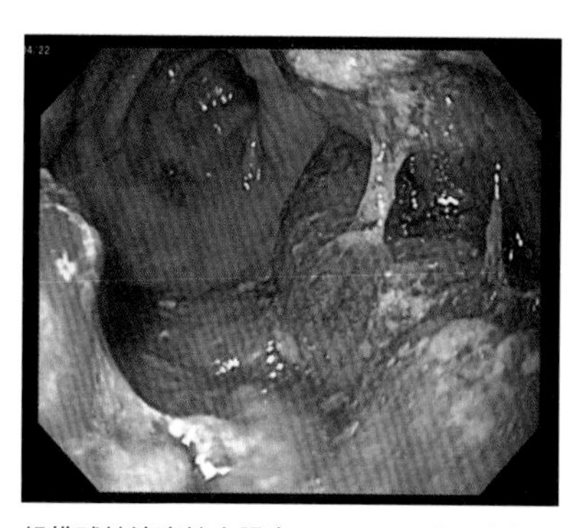
組織球性潰瘍性大腸炎にかかった腸の内視鏡画像（フレブル）。炎症を起こして腸粘膜がただれています。

慢性腸症の症状

幅広いタイプが見られる慢性腸症ですが、基本的な症状はおおむね共通しています。次のページの表のようなサインが見られたら、まず動物病院へ。軽度〜中程度なら食事を変更したり、抗菌薬を試し、経過を見て原因を特定。それでわからないときや進行して重度になった場合は、内視鏡検査で確実に原因を見きわめます。嘔吐や下痢といった症状は消化器型のリンパ腫にも共通しているので、検査できちんと判別することが重要です。

いきなり症状が出るときは急性胃腸炎の可能性もあるので、そのときはすぐ動物病院で検査と治療を行いましょう。

表　グレード別症状

	軽度	中程度	重度
活動性	通常～ふだんより少しおとなしい程度	活動量が減ったのがはっきりとわかる	ほとんど動かずじっとしている
食欲	通常～やや低下	はっきりわかる程度に食事量が減る	ほとんどものを食べようとしない
嘔吐	週１回	週２～３回	週３回以上
糞便の状態	ややややわらかい	軟便～下痢気味	水のような状態の下痢
排便頻度	１日に３回、または血便や粘液状の便などが見られる	１日に４～５回	１日に５回以上

〈飼い主さんにできる予防と対策〉

- 愛犬の平常時の排泄頻度やタイミングを把握し、変化に気づけるようにする
- 嘔吐や下痢が見られたら、始まった時期や頻度、吐いたものや便の状態を控えて獣医師に伝える（排泄物を撮影して見せるのもおすすめ）
- 「3週間以上」はあくまで目安。飼い主さん視点で症状が長引いていると感じたら動物病院へ
- 慢性腸症は「回復→再発」を繰り返すことがよくあるので、いったん良くなっても油断しない
- 慢性腸症で薬を与えても症状が治まらないなら、想定しているタイプが間違っている可能性あり。詳しい検査を
- 治療中の食事は、消化の良いものを。食事反応性腸症なら、獣医師指導のもと食事管理を行う

あまり多くは
ありませんが、
重度の状態からさらに
悪化すると薬が効かなくなり、
死に至ることも。
「ちょっとお腹が弱いだけ」と
軽く考えず、早めに
対処してあげましょう

皮膚の病気

皮膚トラブルの不安要素が多いフレブル。
皮膚のバリア機能を守って悪化を食い止めましょう。

フレブルの皮膚トラブルチャート

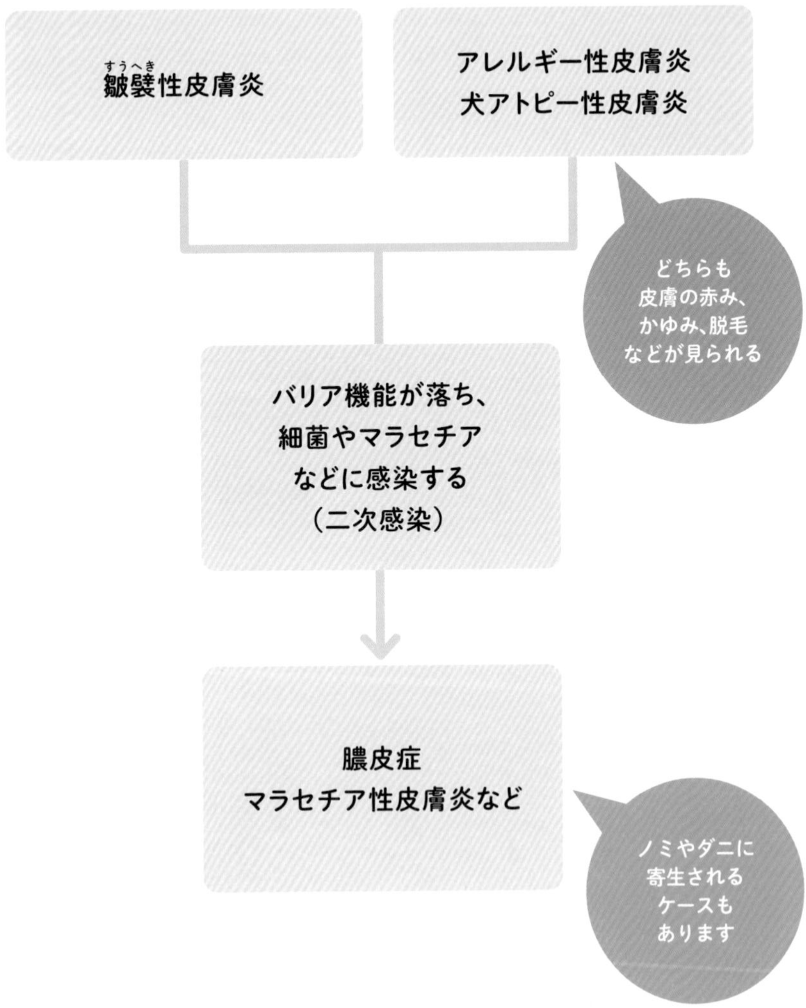

皺襞（すうへき）性皮膚炎

アレルギー性皮膚炎
犬アトピー性皮膚炎

どちらも
皮膚の赤み、
かゆみ、脱毛
などが見られる

↓

バリア機能が落ち、
細菌やマラセチア
などに感染する
（二次感染）

↓

膿皮症
マラセチア性皮膚炎など

ノミやダニに
寄生される
ケースも
あります

バリア機能をキープして二次感染を防ぐ

皮膚にひだがある犬は、そのあいだに汚れや皮脂がたまり、かゆみや赤みを伴う皺壁性皮膚炎を発症しやすい傾向があります。フレブルで注意が必要なのは、顔のしわ。一見何ともなくても、しわを伸ばしてみたら中は真っ赤……なんてことがよくあります。犬がかゆがって引っ掻くと悪化することもあるので、早めに対処してあげましょう。

また、アレルギー性皮膚炎や犬アトピー性皮膚炎もよく見られます。これらは特定の物質（アレルゲン）に反応して起こるので、原因を見つけて避けることが不可欠です。

気をつけたいのは、皮膚病になると外敵から皮膚を守っているバリア機能が落ちてしまうこと。細菌やマラセチア（酵母菌の一種）に感染し、膿皮症（のうひ）やマラセチア性皮膚炎といった病気が引き起こされることが多いのです（二次感染）。バリア機能は皮膚を清潔にすることでキープできるので、こまめなスキンケアを心がけてください。

治療の方針

完治には原因を取りのぞくことが必要ですが、皺壁性皮膚炎は犬のしわそのものをなくすことが難しく、アレルギーやアトピーもアレルゲンを特定するまでに時間と手間がかかります。犬のストレスを考えるなら、かゆみなど症状の緩和を優先したほうがいいかもしれません。

今はかゆみ止めの薬にもさまざまな種類があるので、愛犬の体質や症状に合うものを選べます。獣医師と相談しながらまず症状を抑え、落ち着いてから皺壁性皮膚炎の再発防止やアレルゲンの特定に取り組むのがおすすめです。

膿皮症やマラセチア性皮膚炎は、皮膚を清潔に保ってバリア機能を高めることで快方に向かいます。獣医師の指導をもとに、自宅でシャンプーや保湿などを行いましょう。

●皺襞性皮膚炎

内服薬や抗菌効果のあるシャンプーを使って症状を抑えます。皮膚にひだがある限り再発の可能性は残るので、日常的なスキンケアや服薬でコンディションを保つことが必要です。

●アレルギー性皮膚炎

アレルゲンを特定し、それを徹底的に避けます。アレルゲンは食べものの場合が大半ですが、なかにはフードボウルやハーネスなど〝もの〟である可能性も。皮膚病専門の動物病院で検査を受けて特定しましょう。

●犬アトピー性皮膚炎

IgEと呼ばれる抗体（体内で生み出される、外敵に対抗するためのたんぱく質）の一種が特定の刺激に反応して起こる、アレルギー性疾患の一種。アレルゲンの特定と回避が重要です。

●膿皮症／マラセチア性皮膚炎

アレルギー性皮膚炎や犬アトピー性皮膚炎が引き金となっているケースでは、まずそれらを治療します。その上で投薬やスキンケアを行い、かゆみなど表に現れている症状をなくしていきましょう。

皮膚が弱っているとき用 バリア機能回復ケア

- 原則として、炎症を起こして敏感になっている状態の皮膚にはさわらない
- シャンプーは、獣医師おすすめの抗菌効果があるor皮膚にやさしいタイプを使用する（自己判断は禁物）
- 乾かすときはタオルでやさしく水分を取る
- ドライヤーを使うときは、温風より冷風で水滴を飛ばすほうが、刺激が少なくて◎
- ローションやクリームなどを皮膚に塗って保湿する
- 口のしわをふくときはやさしく、こすらないように

目の病気

フレブルの魅力のひとつでもある大きな目には、ケガや病気の危険度が高いという一面も。

早期発見とケガ防止が重要

フレブルはいくつかの目の病気にかかりやすく、遺伝性であるため予防が難しいといわれています。健康だった愛犬が突然失明することもあるので、要注意です。

フレブルは「角膜の知覚神経（痛みなど刺激を感じる神経）がほかの犬種よりやや鈍い」という説があり、軽い痛みだと犬自身が気づかないことも考えられます。症状がはっきり現れるころには重症化していた、というケースもあるかもしれません。そうならないよう、飼い主さんはふだんから愛犬をよく観察して、ささいな変化にも気づけるようにしてあげましょう。

また、散歩中に枝やゴミで目を傷つけたり、自分で引っ掻いてケガをするケースも多いようです。浅い傷でも感染症につながる恐れがあるので、愛犬が目をケガしたら念のため動物病院で診てもらうことをおすすめします。

犬の目の構造

水晶体
硝子体（しょうしたい）
前房
結膜
角膜
網膜（もうまく）
視神経
虹彩（こうさい）

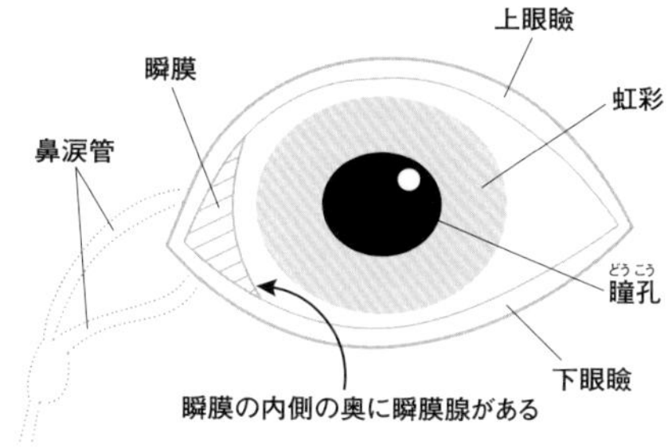

角膜炎（角膜潰瘍）

短頭種は眼球が
突出しているので、
角膜炎には要注意です。

何らかの原因で角膜に炎症が起きた状態で、物理的な刺激（枝やゴミによる外傷、逆さまつ毛、シャンプーが目に入るなど）、乾燥（ドライアイ）、細菌やウイルスの感染、免疫の異常などが原因。外傷が原因の場合は、角膜に凹みが見られます。

とくにフレブルは、自発性慢性角膜上皮欠損症になりやすいので注意しましょう。これは、角膜の上皮（いちばん表面にある層）では修復が進んでいるのに、その上皮が下の角膜実質細胞とうまく接着できず、傷が完治しない病気。1週間以上経っても治らないときは、この病気の可能性があります。

対処法

軽い炎症は自然と治りますが、自発性慢性角膜上皮欠損症や重度の炎症では外科手術や点眼薬の投与が必要です。

また、外傷が原因であれば傷口から細菌や真菌に感染していないか検査し、抗菌薬や抗真菌薬を点眼で投与します。

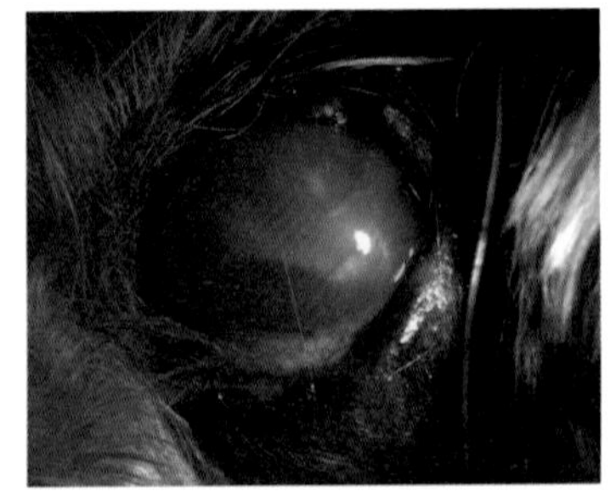

傷ついて炎症を起こしている角膜。患部が凹んでいるのがわかります。

要注意サイン

- □ 痛みで目が開きづらい
- □ まばたきの回数が増える
- □ 白目が充血している
- □ 目を気にして足でこする
- □ 目をケガして1週間以上完治しない（自発性慢性角膜上皮欠損症の場合）

チェリーアイ

第三眼瞼脱出ともいう
病気です。

目頭のあたりの、眼球とまぶたのあいだにある瞬膜腺（または第三眼瞼）という組織が目の外に飛び出し、炎症を起こしてサクランボのように赤く腫れて見える病気です。片目のみと両目に起こる場合の両方があります。

瞬膜腺は通常、靭帯に引っ張られてまぶたの奥に引っ込んでいます。しかしフレブルやシー・ズー、ビーグルなどの犬種ではその靭帯の力が生まれつき弱く、チェリーアイになりやすいといわれています。一般的に若い犬に多く、シニア犬ではほとんど見られません。

対処法

軽度なら飛び出た瞬膜腺を綿棒などで押し込み、抗炎症薬を点眼することで治まります。飛び出した部分が大きかったり再発を繰り返すときは、瞬膜腺を瞬膜の内側に縫い込む手術を行います。

フレブルをはじめ短頭種は目の大きさ・眼窩のくぼみ・まぶたのバランスの関係でこの手術がやりづらいとされていますが、個体差や病気の進行状況によるので一概には言えません。眼科に詳しい獣医師とよく相談しましょう。

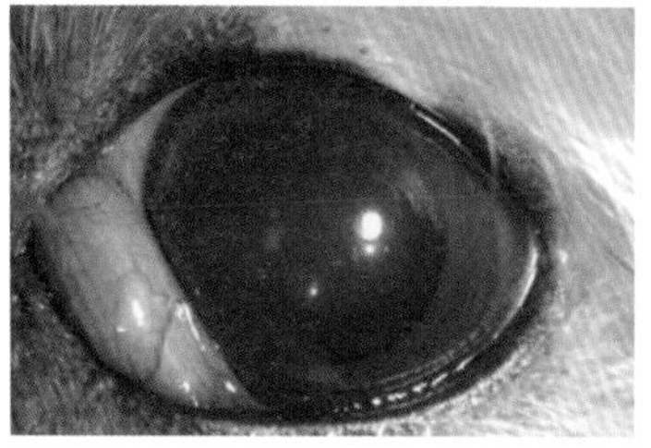

目頭に瞬膜腺が飛び出た状態。飛び出した部分がこれくらい大きいと、手術が必要になります。

要注意サイン

- □ 痛みで目が開きづらくなる
- □ まばたきの回数が増える
- □ 涙の量が増える
- □ 目を気にして足でこする

白内障

目が見えにくくそうにしていたら、早めに動物病院を受診しましょう。

レンズの役割をしている水晶体が光を十分に通さなくなる病気です。水晶体の一部または全体が白く濁って見えるのが特徴。ものが見えにくくなり、最終的に視覚を完全に失うことも。シニア期の病気というイメージがありますが、若い犬（1歳以上）にもよく見られます。

加齢やケガ、ほかの目の病気が引き金となって起こるほか、生まれつき発症しやすいケース（遺伝性）もあり、フレブルで多いのは遺伝性。突然発症して急に悪化する場合もあるので、愛犬の様子をよくチェックして兆候を早めに見つけられるようにしましょう。

対処法

水晶体の代わりに眼内レンズを入れる手術を行えば、視覚を回復できます。点眼や内服薬では進行を遅らせられますが、視覚を回復することはできません。進行すると手術しにくくなるため、早めの発見と処置が重要です。

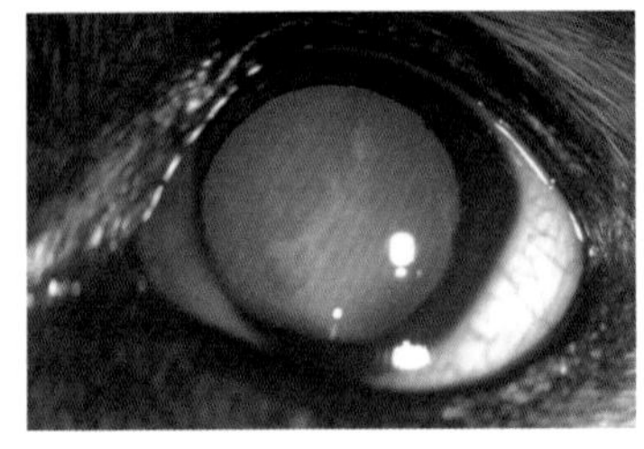

白内障で水晶体の前方と後方に濁りが見られます。この状態だと、視覚はかなり低下しています。

要注意サイン

- □ 水晶体（黒目）が白っぽく見える
- □ 運動量が減る
- □ 家具などにぶつかることが増える
- □ 暗くなってからの散歩を嫌がる

その他の病気

目の病気はさまざま。
その症状をいくつか紹介します。

虹彩嚢胞（ブドウ膜嚢胞）

前房内に黒い円形の嚢胞ができ、肉眼でも確認できます。一見すると腫瘍と似ていますが害はなく、とくに治療は必要ありません。いくつもできて目が見えにくくなった場合のみ手術で取りのぞきます。

涙やけ（流涙症）

涙で目の周りの毛が変色してしまうことがあります。涙の量が増える、涙がまぶたにある上下の涙点から適切に排泄されないといったさまざまな原因が考えられ、それぞれに合った治療を行います。

進行性網膜萎縮 網膜剥離

網膜（光や映像を感じ取る部分）で異常が起こり、視覚の低下や失明などの症状が見られます。フレブルでとくに多いわけではありませんが、徐々に進行するため発見が遅れがちなので要注意。網膜剥離は手術で治療します。

自宅でできるケア

- 目やにや目の周りの汚れ・皮脂をこまめにふいて清潔さをキープ
- 目を洗いすぎると潤いや殺菌、栄養を保つといった涙の働きが落ちるので×
- 散歩中、草むらなどに頭を突っ込んで目を傷つけないよう注意する
- 視覚が落ちてきたら、体をさわるときは声をかけて怖がらせないように。散歩コースや家具の配置を変えると対応できずケガをするので要注意

外耳炎

**立ち耳の犬も外耳炎になります。
こまめなケアと日ごろからのチェックを心がけて。**

症状

アレルギーやアトピー性皮膚炎、異物などが原因となって外耳（耳のいちばん外側の部分）に炎症が起きる病気です。アレルギーで皮膚炎にかかっているフレブルの場合、つながるような形で外耳炎にも悩まされる犬が多いようです。さらにフレブルは外耳道（耳の穴にあたる部分）が短いので、雑菌が入りやすいと言えるでしょう。鼓膜までの距離も短いので、外耳炎→中耳炎→内耳炎と進行しやすく、ひどくなると鼓膜が溶けて脳にまで炎症が及び、脳炎を引き起こすこともあるので要注意です。

外耳炎になると、足で耳をしきりに掻く、頭を傾けるなどの症状が出てきます。その状態で放っておくと、ニオイの強い液体が耳だれとして耳の中から出ることもあります。

予防と治療のチェックポイント

症状が軽ければ、抗菌薬を飲んで原因となる菌を殺すことで良くなります。症状が重い、または何度も繰り返してしまう場合などは、手術などの外科的処置が必要になることもあります。ひどくなるとそのぶん治療が大変になるので、「外耳炎くらい」と軽く見ずに、異常を感じたらとにかくすぐに動物病院へ。

ふだんのお手入れに綿棒を使うと、耳の中の皮膚を傷つけて雑菌が入りやすくなることがあるので避けましょう。お手入れ方法については、かかりつけの獣医師に相談してください。

誤飲・誤食

飲み込んだものによっては、手術が必要になることも。硬いものを噛んで歯が裂ける「裂歯」にも要注意です。

症状

フレブルでは非常に多く見られる事故です。犬は人間と違って、口の中でよく噛むことで消化がスタートするわけではなく、食べものを飲み込んでから胃で消化を始めます。つまり、食道を通るサイズなら何でも噛まずにそのまま飲み込んでしまう習性があるのです。

とくにフレブルは好奇心の強い犬が多く、どんなものでも口に入れたがるので注意しましょう。

予防と治療のチェックポイント

誤飲・誤食をした場合は、動物病院ではまず異物を内視鏡で取り出せるかどうか検討します。難しい場合は開腹手術を行うことになるので、犬にとっては負担がかなり大きくなります。

とくにオモチャの誤食はとても多いので、選ぶときにはまずサイズに気をつけてください。食道に入ってしまわないような、大きめのものがおすすめです。

熱中症対策

フレブルは熱中症になりやすい犬種。
暑い時期でも元気に過ごせるよう、
対処方法と予防・対策を確認しましょう。

犬の熱中症

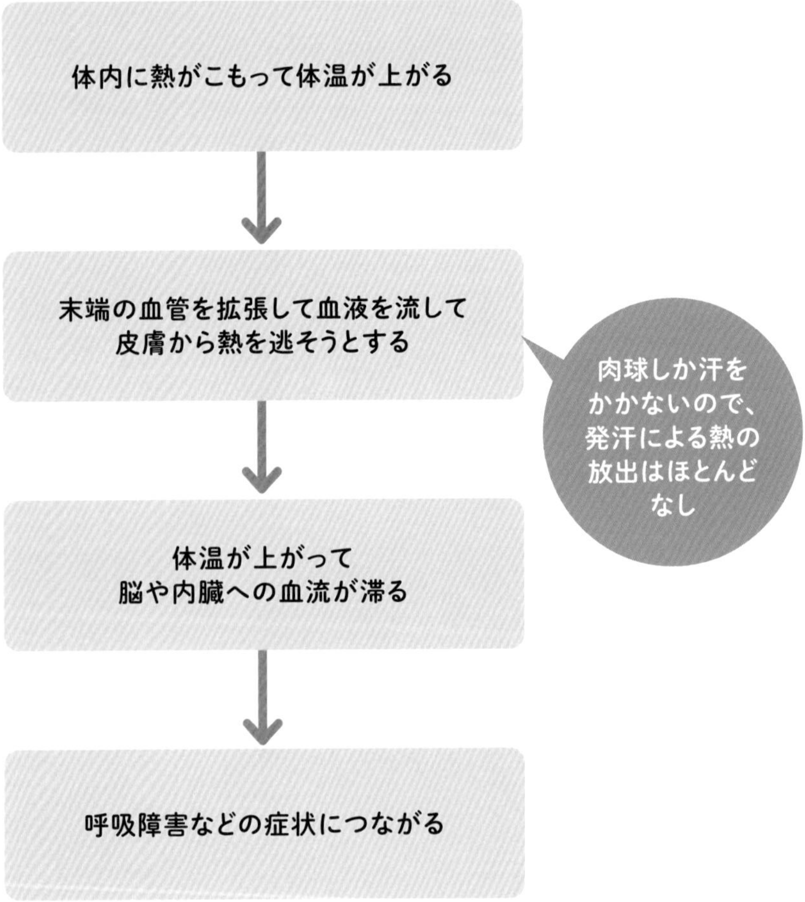

体内に熱がこもって体温が上がる

↓

末端の血管を拡張して血液を流して
皮膚から熱を逃そうとする

肉球しか汗を
かかないので、
発汗による熱の
放出はほとんど
なし

↓

体温が上がって
脳や内臓への血流が滞る

↓

呼吸障害などの症状につながる

犬の熱中症・見極めポイント

- ☐ 呼吸回数がふだんより多い、または呼吸が苦しそう
- ☐ 心拍数（脈拍数）がふだんより多い
- ☐ 耳や内股をさわると熱く感じる
- ☐ 口内の粘膜が赤くなっている
- ☐ 嘔吐、下痢などが見られる

memo
平常時の１分間の呼吸数や心拍数を調べておくと、比較しやすくなります。

熱中症への対処法

早めの対応で、深刻な状態になるのを防ぎましょう。

①体を冷やして体温を下げる

犬の熱中症で脱水は起こりにくいので、上昇した体温を下げることが最優先。「直射日光の当たらない場所に連れて行く→水で愛犬の体を濡らす→風を送る」をセットで行いましょう。

水分の蒸発に伴って熱を放出する現象（気化熱）を利用するので、水は常温でOK。冷水だと逆に血管の収縮を促し、体の深部の熱が逃げなくなってしまいます。風は、うちわなどであおぐのでも冷房でもかまいません。冷却材で冷やすときは、首・脇の下・太腿など動脈の通っているところに当てると効果的です。

②水分を摂らせる

体温の上昇が落ち着いたら、水を飲ませます。人間の熱中症では失われた電解質を補うためにスポーツドリンクや経口補水液を飲ませるのが効果的ですが、犬は電解質を失うことが少ないのでふつうの水を与えましょう。体を中から冷やす目的ではないので、常温で問題ありません。逆に、冷たすぎると消化管がびっくりしてしまいます。

犬がなかなか飲んでくれないときは、ヨーグルトを溶かすなどして水に味を付けると良いでしょう。発汗しているかどうかにかかわらず、水分不足で体調不良に拍車をかけないように、必ず水分補給をしましょう。

③涼しい場所で安静にする

冷房の効いた部屋の中や、風通しの良い木陰などに寝かせてしばらく様子を見ましょう。体温・呼吸・心拍数が落ち着いているようなら、時間が経てば回復するはずです。回復しても、その日は運動を控えて安静にさせたほうがいいでしょう。

高体温や苦しそうな呼吸が続くときは、なるべく早く動物病院を受診してください。熱中症が悪化すると、体温が下がっているのに呼吸障害が起こるケースもあり危険です。

ふだんからできる予防と対策

愛犬を日ごろからよく見てあげることが、熱中症予防につながります。

平常時のコンディションを把握

熱中症かどうかを見分けるには、愛犬の状態が「ふだんと比べて異常」と判断できなければいけません。主な基準は体温・呼吸数・心拍数。これらの平常時の大体の数値（体温はさわった感じ）を覚えておくと、変化に気づきやすくなります。

「飼い主さんのそばに寄ってくる」など体調が悪いときのクセがあれば、それも判断材料になります。

散歩は気温や犬の反応を考慮して

暑い季節の散歩を夜〜早朝にするのは、フレブルに限らず犬の飼い主さんにとって常識。

ただ、最近は夜でも気温が高かったり地面のアスファルトが熱くなっていることがあるので、その日の状況を見て判断を。また、愛犬が散歩を嫌がるときは休ませたり、短時間で切り上げましょう。人間もそうですが、体調を崩しているときに無理をすると熱中症の危険性が高まります。

最近は真夏（7〜8月）だけでなく、5〜6月から9月ごろまで暑い日が続きます。「熱中症＝夏になるもの」と思い込まず、初夏から秋口まで用心を怠らないようにしましょう。

便利なアイテムを活用する

散歩では首に巻くタイプの冷却剤と水筒、水は必須。紫外線を防ぐウエアもおすすめです。巻くタイプの冷却剤にフレブルのサイズに合ったものがなければ、タオルやバンダナで手作りするか、人間用がぴったり合うこともあります。室内で熱中症にかかることもあるので、エアコンだけでなく冷却効果のあるマットや給水器なども用意しておくと安心です。

ワンコの熱中症の重症度

重症度	主な症状
1度	歩くのが遅くなる、足元がふらつく、暑いところにいるのに口の中の粘膜が白っぽくなるなど。
2度	よだれの量が増える、暑いところにいるのにパンティングが弱まる、嘔吐など。
3度	声をかけても反応しない、けいれんを起こす、体にふれても動かないなど。

人の熱中症は
重症度に応じて1〜3度に
分けられています。
ワンコの場合も、それに
対応する形で覚えて
おくといいでしょう

熱中症のQ&A

熱中症に関する
飼い主さんからの疑問を、
Q&A形式で解説します。

1 犬が「ハアハア」とするのはなぜですか?

犬が口を開け、舌を出して「ハアハア」することを「パンティング」といいます。舌や口の中の水分を蒸発させ、体温を下げるために行います。

2 短頭種だと熱中症になりやすいのでしょうか?

そもそも「犬は人より熱中症になりやすい」ことを知っておいてください。なかでも短頭種はパンティングで熱を逃がすことが苦手で、呼吸器不全を起こしやすいので要注意です。

3 犬の体温調節はパンティングに頼るしかないのでしょうか?

熱には、温度が高いほうから低いほうへ移る性質があります（熱伝導）。犬の皮膚からも空気中に熱が放散されていますが、体温を調節する効果はそれほど大きくありません。

4 ぽっちゃりしている子のほうが熱中症になりやすいですか?

脂肪には、熱をためこむ働きがあります。脂肪が多いほど体温を外に逃がしにくくなり、熱中症のリスクも高まります。

5 持病があると熱中症になりやすいですか?

腎臓病や糖尿病など、脱水を伴う病気や心臓病にかかっている子は要注意。健康な犬に比べて熱中症になりやすく、重症化しやすいと言えます。

6 お留守番をさせるとき、エアコンはつけておいたほうがいいですか?

たとえ短時間でも、お留守番中はエアコンをつけっぱなしにしましょう! 「すぐ戻るつもりだったけど時間がかかっちゃった」ということもあるので、油断してはいけません。

7 エアコンの設定温度は低くしたほうが良いですか?

機種による違いがあるので、設定温度より室温で判断しましょう。目安は20℃前後。人間が少し肌寒く感じるぐらいの環境が、ワンコにとっては快適です。

8 室内でも熱中症になることがあるのですか?

家の中でも、気温や湿度が高すぎれば熱中症を起こす可能性があります。とくに高齢な犬の場合、快適に過ごせる環境づくりが大切です。

9 お留守番中は、遮光カーテンを閉めておくべきでしょうか?

直射日光が当たり続けるような場合をのぞき、光が入る環境にしておくのがおすすめ。適度に日光を浴びることは、骨の健康を保ったり、ストレスを軽くしたりするのに役立ちます。

10 室内で役立つ冷感アイテムを教えてください。

保冷剤をタオルなどで包んで、ワンコを冷やしてあげるのが効果的です。ワンコが噛み破らないように注意してください。水を入れて凍らせたペットボトルを扇風機の前に置き、冷たい風を送るのもおすすめです。

11 健康な子であれば、熱中症の心配もないのでしょうか?

熱中症に関しては、「うちの子は大丈夫」なんて甘い読みをしてはいけません。重症化すると命にかかわることもあるので、予防といざというときの備えが大切です。

12 夏のお散歩の注意点を教えてください。

お散歩のベストタイムは、涼しい早朝。気分転換のためなら、5～10分度でワンコは満足するはずです。また、水は新鮮な飲み水と、体にかけるための水を持って行きましょう。

13 夏はウェアを着せないほうが良いですか？

体の表面をおおう洋服は、皮膚からの熱の放散を妨げます。ウェアを着せるなら、水で湿らせてから。水分が蒸発する際に体の熱を奪うため、体を冷やす効果があります。

14 首に巻く保冷剤を使うときのポイントを教えてください。

太い血管が通っている首を冷やすのが効果的ですが、きつく巻きすぎるのはNG。空気の通り道が狭くなり、呼吸器に負担がかかります。ぬるくなった保冷剤は逆に熱を閉じ込めるので要注意です。

15 サークルやケージはどこに置くのが良いでしょうか？

お留守番中、ワンコがサークルやケージの中で過ごすなら、置き場所選びも重要。直射日光が当たったり、エアコンの風が直撃したりする場所は避けましょう。

16 エアコンをつけると愛犬が咳をします。寒いからでしょうか？

エアコンを使うと、湿度も下がります。ワンコの咳はおそらく、寒さではなく乾燥のせいではないでしょうか。十分に涼しい環境なら、湿度は50％以上をキープするのが理想です。

17 ワンコに水を飲ませるタイミングはいつなのでしょうか？

つねに、飲ませるタイミングです。ワンコは本当にのどが渇くまで、自分から水を飲むことはありません。こまめな水分補給を習慣づけることが、熱中症予防に役立ちます。

フレブルのための栄養学

人と犬の共通点や犬種の栄養特性について知り、健康的に暮らすための食事について考えてみましょう。

栄養学の基礎

まずは人と犬に共通する基本から学びましょう。

「栄養学」と言うと何だか難しそうに聞こえるかもしれませんが、生きることの第一歩は「食べること」。生物は食物から栄養素を確保し、不必要なものを便中に排泄することで命をつないでいるのです。

食物には、たんぱく質、脂質、炭水化物（糖質＋食物繊維）、ビタミン、ミネラルという5種類の栄養素と水が含まれています。たんぱく質はエネルギー源にもなりますが、主な働きは体を作ること。脂質は、効率の良いエネルギー源であると同時に体を守ります。糖質は主なエネルギー源であり、食物繊維は腸内環境を正常に保つ働きがあります。ビタミンやミネラルはエネルギー源にはなりませんが、微量でエネルギーを作るサポートや体の調整を行います。水は体重の60%を占め、生命維持に欠かすことができません。

口から取り入れた食物は消化され、吸収されないと体が利用することはできません。よって、食事では「何を食べるか」だけではなく、消化吸収性も大事なのです。

吸収されなかった栄養素は大腸へ送られ、最終的には便として排泄されます。毎日の規則正しい排泄は、代謝の過程で産生した代謝産物や食物と一緒に体内に入った毒素なども排泄し、体が正常に働けるようにするためにも重要です。

さらに、腸内には全身の60%以上の免疫系を司る腸管免疫が存在し、細菌やウイルスから体を守っています。つまり、腸内環境が悪い状態が続くと免疫力も低下してしまうのです。そうならないために、腸内環境の健康に必要な栄養素が「食物繊維」。水溶性食物繊維と不溶性食物繊維に分類され、前者は腸内環境の健全性に、後者は排便の促進に役立ちます。犬も人も食物繊維を消化吸収することはできませんが、腸内細菌によって分解され、栄養素とは別の形で健康管理にひと役買っているのです。

また、体重増加は「摂取エネルギーよりも消費エネルギーが少ない状態の継続」で生じます。肥満は心臓や関節に負担をかけるだけでなく、肝臓病、糖尿病やすい炎

5大栄養素の主な働きと供給源

	主な働き	主な含有食品	摂取不足だと？	過剰に摂取すると？
たんぱく質	エネルギー源 体を作る	肉、魚、卵、 乳製品、大豆	免疫力の低下 太りやすい体質	肥満、腎臓・ 肝臓・心臓疾患
脂質	エネルギー源 体を守る	動物性脂肪、 植物油、ナッツ類	被毛の劣化 生理機能の低下	肥満、すい臓・ 肝臓疾患
炭水化物（糖質/食物繊維）	エネルギー源 腸管の健康	米、麦、トウモロコシ、芋、豆、野菜、果物	活力低下	肥満、糖尿病、 尿石症
ビタミン	体を調整する	レバー、野菜、果物	代謝の低下 神経の異常	中毒、下痢
ミネラル	体を調整する	レバー、赤身肉、牛乳、チーズ、海藻類、ナッツ類	骨の異常	中毒、尿石症、 心臓・腎臓疾患、 骨の異常

などさまざまな病気の引き金となります。定期的に体重測定を行い、適正体重の維持を心がけましょう。適正体重は骨格や筋肉量によっても異なるため、見た目だけではなく体をさわって確認することが大切です。

犬ならではの栄養学

次に、人と異なる部分について学びましょう。

人は雑食、犬は雑食寄りの肉食

●口腔内

人のだ液中に含まれる炭水化物（糖質）の消化酵素が犬のだ液中にはないため、口腔内では人のように消化が始まりません。また、のどを通る大きさの食べものは飲み込みます。

●胃

犬の胃は拡張性が高く、食いだめが可能。また、強酸性の胃内ではたんぱく質の消化や殺菌に優れています。

●小腸と大腸

小腸では栄養を吸収し、大腸では水分や電解質の再吸収を行います。犬の腸は人に比べて短いので、炭水化物が必要以上に多い食事は未消化物を増やし、腸内環境を悪くするため軟便や下痢の原因となります。

嗜好性の違い

犬はヒトより味蕾の数が少ないため、嗜好性は味覚よりも嗅覚が優先されます。脂肪臭を好み、たんぱく質に含まれるアミノ酸の味に嗜好性が高いとされています。また、甘味を感じる味蕾が（人ほど多くありませんが）存在するため、甘味が好き。半面、危険を知らせる味である苦味を嫌います。

ただし、最終的な嗜好性は経験によって変わります。

栄養素の違い

人も犬も、必要な栄養素の種類は5種類です。しかし、体内合成できる栄養素が異なることから食事への必要性や必要量が異なります。

たとえば、必須アミノ酸は人の場合は9種類ですが、犬はアルギニンを加えた10種類。犬はビタミンCの体内合成ができますが、ビタミンDはできません。一方で、人はビタミンCを体内合成できませんが、ビタミンDは紫外線から体内合成することができます。さらに、犬は亜鉛の要求量が人の5倍以上といわれています。

このようなことから、人と犬の食事は栄養素の種類は同じでも、そのバランスが異なるのです。

フレブルの生理学

改めて、フレブルの体の特徴をおさらいします。

食べものを噛みにくく、口からこぼれやすい

その特徴的な頭蓋骨の形状により、上あごの歯並びはものを噛みにくく、下あごの歯並びは食べものがこぼれやすくなっています。

やっぱり息苦しいの？

短頭種の犬は生まれつき鼻の穴が狭い上に、構造的に空気が通りにくくなっています。そのため、ちょっとした運動や興奮でも体温が上昇しやすく呼吸数が増えます。パンティング（体温を下げるための呼吸）による熱交換が効率的に行えないことで熱中症にもなりやすく、さらに肥満が加わると呼吸困難に拍車がかかります。

お腹がデリケート

吐き戻しや軟便、下痢をしやすい犬は、「お腹が弱い」と言えるでしょう。しかしフレブルの場合はほかにも理由が。一生懸命に呼吸することで横隔膜が広がり、胃が圧迫されてしまうのです。さらに食べものが胃内に長くとどまりやすい体質がある上に、胃の出口が狭まる幽門狭窄が起こりやすいことも関係しています。

皮膚もデリケート

しわとしわのあいだは、細菌には住み心地が良く繁殖にはもってこいの環境。皮膚の炎症が慢性的に繰り返されるとバリア機能が低下して、さらに刺激を受けやすいデリケートな状態に。

酸化ストレスを受けやすい

動物が呼吸をして酸素を体内に取り込み、エネルギーを産生する過程で、体内では同時に活性酸素・フリーラジカルが生成され、細菌やウイルスの攻撃から体を守ってくれます。

ところが、この酸化反応と抗酸化反応のバランスが崩れ、活性酸素・フリーラジカルが増えすぎると正常な細胞を攻撃。このことが脳、目、心臓、消化器、肝臓、腎臓、関節などさまざまな病気や炎症に関係すると考えられています。フレブルはどうしても呼吸数が多くなるため、酸化ストレスを受けやすいと言えるでしょう。

フレブルの食事管理

フレブルの食事の
注意点をおさえましょう。

エネルギー

　必要なエネルギーは意外と少ないのが特徴です。身体的な特徴や、寝ている時間が長いことなどが理由として考えられています。また、犬は移動距離によりエネルギー消費が大きくなりますが、フレブルは歩幅が小さいため、消費エネルギーもそれほど多くはありません。そのため、食事からのエネルギー摂取過剰は肥満の原因に。

炭水化物

　短頭種であるフレブルは、その体の作りから胃の中に食べものが長くとどまりやすいという特徴があります。必要以上に長い時間、食べたものが胃から排泄されないと、胃の中の圧力が変わり嘔吐を起こします。その原因となる栄養素のひとつが食物繊維です。とくに水溶性食物繊維は、胃の中で膨らみ胃から食べものの排泄を遅らせる働きがあります。このことが満腹感に役立つのですが、配合が多すぎると排泄時間を遅らせることにもなります。たとえば、大麦はペットフードの原材料でもよく使用されますが、水溶性食物繊維が多い原材料なので、嘔吐するような場合は避けたほうが良いかもしれません。

たんぱく質と脂質

　たんぱく質と脂質は犬の必須栄養素です。しかし、高たんぱく、高脂肪なペットフードは嗜好性が高い一方で、粒が硬く胃の中に長くとどまりやすい傾向があります。砕いてふやかして与えた場合でも、糖質よりも胃の中にとどまる時間が長いため、嘔吐の原因になりやすいことは同じです。

　脂肪が多い食事は体内でエネルギーが多く産生されるので、そもそも体温調整が苦手なフレブルにはＮＧでしょう。しかも犬は脂肪の吸収率が高いため、高脂肪な食事は肥満の原因にもなります。さらに、必要以上に高たんぱくな食事は未消化物が増えて腸内環境を乱し、軟便や下痢を生じやすくなります。

ビタミン、ミネラル

前述した通り、呼吸数が多いほど体内で産生される活性酸素・フリーラジカルが多くなります。その産生量が体内で生成される抗酸化成分量を超えて、細胞を攻撃するのを防ぐには、食事中に抗酸化成分（ビタミンやミネラル）を多く取り入れることがおすすめです。

水

成人や成犬の体の約60％は水で構成されています。どちらもしばらくのあいだは食べなくても生きていられますが、犬は水を2日程度飲むことができないと脱水を起こし、死亡すると言われています。

水の役割は喉の乾きを潤すだけではありません。体温調節をはじめ、血液の主成分として栄養素や酸素の運搬、そして老廃物の排泄にも働きます。そのため、水分不足は食欲不振などの体調不良から尿路結石、肝臓病やすい臓病などさまざまな病気の引き金となります。便が硬い、コロコロしている、臭い、毎日出ない……といった場合は、水分不足の黄色信号。「命の素」である栄養素と「命の源」である水は、どちらも正常な体の働きに必要なのです。

水分量をチェックする

1日に必要な水分量は、個体差はありますが1日に必要なエネルギー量の数値とほぼ同じです（成犬10kg＝550㎉とした場合、約550㎖前後）。この中には、食事中に含まれる水分、自発的に飲む水分、代謝水（食事から体内で作られる水分）が含まれますが、一般的には食事中の水分量と自発的水分量の合計を目安とします。そのため、水分量が3％程度のドライフードを主食としている場合は、食事の重さの約80％が水であるウェットフードを主食としている場合よりも、食事以外から摂取する必要のある水分量が多くなります。水分摂取量は、気温、湿度、活動量、体調などにより異なり、健康な犬であれば必要量を自ら摂取すると考えられています。

一方で、犬は必要な水分量の70％程度を確保できればのどの渇きを覚えにくくなるため、実際にはドライフードを主食としている犬の多くが水分不足の傾向にあります。摂取する水分が不足すると、代謝の低下や便秘から毒素や不要な物質の排泄が不十分となり、健康に悪い影響を及ぼします。日ごろから水分をどれくらい摂っているかチェックする習慣をつけましょう。

食事管理のポイント

栄養バランスと適正体重に注意して、今日の食事から役立ててみてください。

「総合栄養食」とは

ペットフードは使用目的に応じて「総合栄養食」「間食」「その他の目的食」に分類されます。パッケージ表示を確認してみてください。

そのうち、「総合栄養食」はそのフードと水だけで健康管理ができるように栄養バランスが整えられたペットフード。現在市販されている犬用ドライフードはすべて総合栄養食です。一方で間食はおやつやスナック、その他の目的食は一般食、副食、栄養補完食など栄養バランスよりも嗜好性を重視して作られ、「使用に際しては総合栄養食と併用を」と記載されています。サプリメント類や療法食もこのカテゴリーに入ります。

原材料表示のルール

原材料表示は使用原材料の多い順に表示されています。食物アレルギーなどの表示がない限り、動物性たんぱく質源（体を作るエネルギーのもととなる食品／102ページの表参照）が1番目か2番目に表示され、かつ供給源がわかりやすい商品のほうが質が高いと考えられます。

フードの「給与量」

同じ犬種、体重であっても、生活環境や活動量、生活環境などが異なるため、ペットフードに表示してある指示給与量（1回の食事で与える量）はあくまでも目安です。指示に従ってフードを与えた1週間後に体重測定をして、体重が増えたら10％程度給与量を減らす。体重が減ったら10％程度給与量を増やすなど調整して、適正体重を維持しましょう。

「代謝エネルギー量」とは

代謝エネルギー量とは、食べたときに便中や尿中へ排泄されたエネルギーを差し引いた「実際に体内で利用できるエネルギー量」を指します。パッケージには〈代謝エネルギー（ME）＝○○kcal／100g〉のように記されています。成長期のドライフードでは400kcal前後、維持期では350～380kcalが高品質な総合栄養食の目安。シニアの場合、筋肉量が減って活動量も落ちるため、太りやすいようなら維持期よりも代謝エネルギーが低いフードを選ぶと良いでしょう。

おやつやトッピングの量

主食の栄養バランスを崩さずに与えられるおやつやトッピングなどの量は、1日当たりのエネルギー量の10％以内と考えてください。

たとえば、1日に400㎉摂取している場合は40㎉以内です。この場合、主食はそのぶんを引いた360㎉になることに注意しましょう。適正体重が維持できるペットフードの分量（グラム数）がわかれば、〈表示してある代謝エネルギー÷100〉で1g当たりのエネルギー量が計算できるので、給与量をかけると1日に何㎉与えているかがわかります。

代謝エネルギー =380kcal ／ 100gのドライフードを120g与えて適正体重が維持できている場合

1日当たりの摂取エネルギー量＝380÷100×120＝456kcal

おやつはこのうち10%と考えると45.6kcal

主食はおやつの分を引いた410.4kcal

1g当たりのカロリーは3.8kcalなので、410.4÷3.8＝108g がおやつを与える場合のドライフードの給与量となる。

手作り食について

飼い主さんの手作り食を見てみると、栄養価重視で消化吸収性をあまり考えていないこともあるようです。「良いものを食べただけ」では、体が利用することができません。体が利用できない栄養素が多いと腸内環境が乱れるため、長期的には免疫力にも悪影響を与えてしまいます。

健康管理に役立つ手作り食とは、「消化→吸収→代謝→排泄の一連の流れがスムーズで、腸内環境と適正体重を維持できる」ものでなければならないでしょう。食材選びをするときに消化吸収性や個体の体質も考えると、より良い手作り食になると思います。

●食材選び

↓高消化性で入手しやすい食品

一般的に、白米、ジャガイモ、カボチャ、ブロッコリー、鶏肉、豚肉赤身、鮭、鶏卵などが挙げられます。たとえば玄米は栄養価が高いけど消化しづらい、羊肉はアレルギー反応が少ないけど脂肪が高い、といったこともあるので注意しましょう。

●栄養バランス

↓たんぱく質や脂質は中程度

肉や油脂が多い食事は嗜好性が高いものの、肥満、肝臓病、すい炎、関節疾患などの原因になりがちです。体重が増えやすい、便がゆるくなりやすいなどがあれば、少し減らしてみてください。

●食事の形状

↓こぼれにくく飲み込みやすく

あごの形状的に口の中のものがこぼれやすく、呼吸もしづらいため食べることや飲み込みに時間がかかると好ましくありません。スムーズに食事ができているかどうかをよく観察し、食べやすい食事の形状を工夫しましょう。

食事の与え方や与えた結果にも気をつけて、愛犬に適した良い食事を探してください！

フード選びのポイント

①ライフステージ（年齢）、ライフスタイル（環境、活動量、不妊・去勢手術の有無など）

成長期➡「成長期用フード」を与えて生涯の基本となる体づくりを。

成　犬➡必要とする栄養バランスやエネルギー要求量が低くなるので、成犬用商品を与えます。

高齢期➡それぞれの犬により異なるので、必要に応じて高齢期用フードに移行すればOK。

※全ライフステージ用の商品は、成長期にはたんぱく質や脂肪が低く、高齢期には高すぎる傾向があるので注意しましょう。

②フレブルが食べやすいペットフードの形状、大きさ、硬さ

十分な水分摂取は健康の秘けつですが、顔やマズルの形状からウエットフードは食べにくいようです。ドライフードで食べやすい形状、大きさや硬さのものを探しましょう。高齢に伴う口腔内環境や体調でも好みは変わるため、日ごろから食べ方を観察してください。

③中程度の栄養組成と食物繊維量

ラベルにある「保証分析値」には、そのフードの栄養組成が記されています。ドライフードの場合は、粗たんぱく質が25%前後、粗脂肪が15%前後、粗繊維は3%前後が目安かと思います。

④シンプルなたんぱく質源

食物アレルギーの原因はたんぱく質です。何種類ものたんぱく質が含まれるとアレルゲンが特定しづらいため、たんぱく質源がわかりやすい（あるいは単一の）商品を探しましょう。

⑤その他

配合されている成分で言うと、オメガ-3脂肪酸は血流の改善や炎症の軽減に有益だとされ、乳酸菌は腸内環境を整えて免疫力を強化します。

中医学と薬膳

**体質改善にも役立つとされる薬膳。
フレブルの食事にも取り入れることができます。**

薬膳の基礎

薬膳に挑戦するために
知っておきたい知識です。

体にとどまる「邪」を発散させる

中医学において、食物や中薬を選ぶ際に重要なのが「四性五味」です。「性味」とは、食物が持つ性質と、それを食べたときに体に作用する働きのこと。食物の性質は「寒・涼・温・熱」に分けられますが、体を冷やしも温めもしない「平」を加えて「五性」と呼ばれることもあります。五味は「酸・苦・甘・辛・鹹（しょっぱい味）」に分けられますが、食べたときに実際に舌で感じる味だけではなく、食物が持つ働きを示しています。

なかでも辛味は、肌表（皮膚の表面）を開いて気と血の巡りを良くする働きのことを指します。気は体表に沿って目にもとまらぬ速さで流れていて、邪（不調を起こす原因となるもの）が体内に入り込まないようにバリアの役目を果たしています。感冒（風邪）は、邪が体の奥深くに入りこむ前の状態で、その治療は体表にとどまっている邪を発散させることが目的なので、中医学ではいわゆる風邪薬として辛味の中薬が使用されています（辛涼解表薬または辛温解表薬）。

「肌表にとどまっている邪」として見れば、皮膚のトラブルも同じように考えることができます。フレブルの飼い主さんは、愛犬の皮膚トラブルで悩む人が多いようです。そんなときは体が熱いか冷たいか、中医学でいわれる体の構成物である「気」「血」「津液」に過不足はないか、ということを考えながら、辛味で肌表の邪を発散させると効果的です。身近な食材で辛味の働きを持つものは、次のページの表の通りです。

梅雨から夏にかけて気をつけたいこと

梅雨～夏は湿度も気温も高くなります。「いつもこの時期に決まってどこかに不調が現れる」という場合には、高い湿度と気温によって体の内側で津液が増して熱くなっているのかもしれません。体にたまった余分な水分も熱も、中医学では体に不調を起こす「毒」と考えてそれぞれ水毒、熱毒と呼びます。

フレブルは短毛かつ鼻の短い短頭種ですから、外気温や湿度に影響を受けやすいという特徴があります。肌表を開いて皮膚の通気を良くする辛味を意識して食事に取り入れて、暑い時期でも快適に過ごせるように未病先防に取り組みましょう。

※愛犬の様子に変化が現れたら、自己判断せず獣医師の診察を受けましょう。

辛味・温性	しそ、しょうが、うど、パクチー、菜の花　など
辛味・平性	小松菜、春菊　など
辛味・涼性	ミント、食用菊（または菊花茶）、大根、葛　など

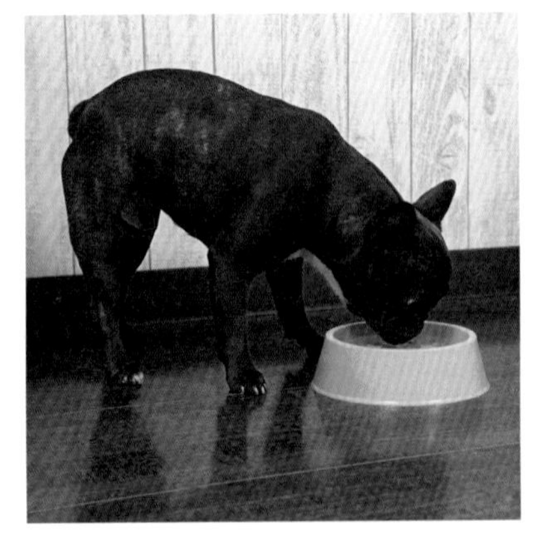

健康管理が重要なフレブルだからこそ、食事に薬膳を取り入れるのもおすすめです。

薬膳レシピ

手軽に取り入れられる
主食やトッピング、
おやつのレシピです。

カツオのお粥

「血」の状態は、皮膚に影響を及ぼします。血を補って巡りを良くしながら辛味で肌表を開いて、皮膚トラブル対策を。

食材の中医学的解説

カツオ
甘／平（腎脾）
気と血を補い、胃の働きを健やかにします。

オクラ
甘苦／平（腎胃）
陰を補い津液を生じます。脾の働きを健やかにして血の巡りを良くします。

うるち米
甘／平（脾胃）
脾胃の気を高め、健やかにする働きがあります。

きくらげ
甘／平（胃大腸肝腎）
血と陰を補い、熱を帯びた血を冷まします。腎精を補います。

はと麦
甘淡／涼（脾肺腎）
余分な水分を排泄させます。脾の働きを健やかにし、体にたまった熱を排出します。

しその葉
辛／温（肺脾）
肌表を開き、気の巡りを良くします。胃の働きを整えます。

小松菜
甘辛／平（脾肝大腸）
陰を補います。脾を健やかにし、便の通りを良くします。

※参考…「現代の食卓に生かす　食物性味表」

カツオのお粥

（材料）
（作りやすい量／約498kcal）
標準的なフレブルの2〜3回分

カツオ（切り身）…………200g
うるち米…………………………50g
はと麦…………………小さじ1
小松菜…………………………20g
オクラ…………………………1本
きくらげ………………………1枚
しその葉……………………10枚
水…………………………200cc

作り方

①カツオを犬が食べやすい大きさに切る。
②6号の土鍋に、研いだ米とはと麦、水200ccを入れて30分以上浸水させる。
③きくらげはひたひたの水に20分以上浸けて戻す。
④❸を包丁でたたくようにして細かく刻み、小松菜とオクラは犬が食べやすい大きさに切る。
⑤❶のカツオと❹のきくらげ、オクラを❷に加え、ざっくりとかき混ぜる。
⑥❺の土鍋にふたをして火にかけ、弱〜中火で沸騰させる。
⑦沸騰して湯気が出てきたらとろ火にして、15分加熱する。
⑧15分経ったら火を止めて、そのまま15分蒸らす。
⑨しその葉をハサミで細かく刻み、鍋が温かいうちに小松菜とともに入れてよく混ぜる。

しその葉入り大根もち

辛味のしそと大根、葛粉で作る大根もちは、おやつやドライフードのトッピングにぴったり。酢じょうゆやごま油をかければ、飼い主さんもおいしくいただけます。

（材料）
（作りやすい量／フレブルの1回分＝1/9枚・約25kcal）

大根……………………150g
上新粉…………………50g
本葛粉…………………20g
干しえび………………5g
しその葉………………10枚

作り方

①干しえびを細かく刻む。
②皮をむいた大根をすりおろす。
③❷に本葛粉を入れ、しっかりと溶かす。
④❸に❶と上新粉を少しずつ加えてよく混ぜる。
⑤フライパンまたはホットプレートに❹をできるだけ薄く流し入れて、弱～中火で焼く。
⑥火が通って端が透明になってきたら裏返す。
⑦全体的に透明になり、粉っぽさがなくなるまでよく火を通す。
⑧焼けたら皿に移し、粗熱を取ってから9等分にカット。

食材の中医学的解説

大根
辛甘／涼（肺胃）

消化不良を解消して胃の働きを整え、上がった気を降ろします。

上新粉（うるち米）
甘／平（脾胃）

脾胃の気を高め、健やかにする働きがあります。

本葛粉（葛根）
甘辛／涼（脾胃）

肌表を開き、熱を冷まして津液を作ります。

えび
甘鹹／温（肝腎胃）

腎、気、陽を補い、胃を開いて風邪を鎮めます。

黒豆茶

湿度が高い季節は、かゆみの原因にもなる余分な水分が体内にたまりがちです。煎じた後の黒豆はやわらかくなっているので、細かく刻めばフードのトッピングにもなります。

(材料)
(作りやすい量／
フレブルの1回分＝大さじ1)
黒豆 ……………………… 20粒
沸騰したお湯 …………300cc

作り方

①黒豆はフライパンや炒り器で、焦がさないように弾けるまで炒る。
②ティーポットに❶を入れ、沸騰したお湯を注いで10分蒸らす。

※愛犬には十分に冷ましてから与えてください。

食材の中医学的解説

黒豆
甘／平（脾肝腎）

腎と血を補い、巡りを良くします。体の余分な水分を排泄させて脾の働きを健やかにします。

黒豆
はと麦と同様に、余分な水分を排出する働きがあります。

黒豆がやわらかくなったことを確認して細かく刻み、小さじ1杯程度を目安にフードにトッピングします。

Part6
シニア期のケア

犬の長寿化に伴い、今や10歳以上のフレブルも
珍しくありません。シニア犬のケアや介護についての
情報や知識が必要になってきています。

シニアにさしかかったら

年をとると健康に不安が出てくるのは、人も犬も同じです。気になる疑問を解決して、シニア期に備えましょう。

要注意の病気

とくに注意が必要なのは、腫瘍と脊髄の病気です。

腫瘍

悪性の腫瘍ができやすく、内臓にできた場合は超音波（エコー）検査をしないとわからないため、発見が遅れがち。脳腫瘍の場合は超音波検査など覚醒下（鎮静や麻酔を使用しないで起きている状態）での検査では発見できない場合が多いといわれます。元気がない、食欲低下、けいれん発作などの兆候が見られたら、念のため獣医師に相談してみましょう。

脊髄

もともと脊椎（背骨）に先天性のハンディを持った子が多いフレンチ・ブルドッグ。脊椎内にある脊髄神経が圧迫されて椎間板ヘルニアを発症することが多いのは若いころと同じです。しかし年をとると、慢性的な脊髄神経の圧迫から不全麻痺になったり、とくに後肢の起立歩行が困難になることが増えます。早期発見と適切な治療で悪化を防いでください。

その他

呼吸器や消化器、目、皮膚、耳の病気は年齢にかかわらず多く見られます。とくに発症率が高い病気は次の通りです。

●緑内障
眼球を満たす房水（ぼうすい）がうまく排出されずに発症する。

●脳炎
脳の組織に炎症が起こり、けいれん発作などの神経症状が現れる病気。

体調が変化したら

シニア犬の体調が変化したら
どうすればいいのでしょうか。

主な病気の症状をチェック

運動量が減ったり目や耳が衰えるのは、加齢に伴う自然な変化。ただ、それらにまぎれて病気のサインを見落としてしまいがちなので注意しましょう。異常を早期発見するには、シニア期に多い病気の症状を把握し、そのサインが見られないかこまめにチェックする習慣をつけることが重要。持病がある犬は、体の衰えによって悪化することもあるので要注意です。

腫瘍

皮膚の腫瘍は比較的見つけやすく、日常的に愛犬の体をチェックしていれば発見できます。問題は、表に現れない内臓の腫瘍。フレブルでは、とくに脳や心臓、脾臓に腫瘍ができやすいといわれています。

以下にある初期症状が見られたら念のため動物病院で超音波検査を受け、腫瘍の有無とできている部位を確認。その部位や重症度に応じて外科手術や放射線治療、抗がん剤などの治療を行います。

check

- □ 皮膚にしこりがある
- □ 食欲が落ちる
- □ 飲水量が増える
- □ 排泄の回数や尿・便の量や色・形状がいつもと異なる
- □ 安静時の呼吸状態（頻度や量）がいつもと異なる
- □ 舌と歯肉の色が薄いピンクになる（平常時は赤に近い）
- □ 活動性（元気）が極端に減る
- □ けいれん発作を起こす

脊髄疾患

高齢になると病気でなくても足腰が衰え、ふらつきや歩行量の減少が見られます。ＭＲＩ検査などで脳や脊髄が原因かどうか確認して適切な処置をしましょう。犬の体調によっては手術が難しいことがあるので、獣医師とよく相談を。ヘルニアの症状については74ページ～を参考にしてください。

memo

8歳以上になったら、2～3か月に1回は動物病院で健康状態をチェック。さらに、半年に1回はレントゲンや超音波検査などを受けると安心です。

病気の予防

病気を予防し
悪化を防ぐためには、
何ができるのでしょうか。

ふだんの生活習慣や環境を見直して

かかりやすい病気が多く、健康に気を配っていてもトラブルが起こるかもしれない犬種。ですが、日常生活での配慮は無駄ではありません。早い段階で兆候に気づいたり悪化を食い止めるには、ふだんの暮らしが大きな意味を持つのです。運動やお手入れなど若いころからの積み重ねが重要なものもあるので、次の一覧をもとに生活を見直してみてください。

子犬のころから
体をさわって
慣らしておくと、
全身チェックや
歯みがきも楽になります

〈日常生活でできる対策〉

食事・トイレ・散歩など一定の生活のペースを決める

➡ 変化があったらすぐわかるように

散歩など無理のない運動を続ける

➡ 筋肉や免疫力をキープ

新しいオモチャで遊ぶ、お出かけする

➡ 脳と五感を刺激してアンチエイジング

毎日全身をさわってチェック

➡ しこりや腫れ、赤みなどがあったら動物病院へ

歯みがきや耳掃除、顔のしわのふき取りを習慣に

➡ 清潔さを保って感染症などを予防。
口内チェックで病気の早期発見にも

段差をなくす、床の滑り止めなど生活環境を整える

➡ 飛び降りたり、走ってケガをするのを防ぐ

シニア期の健康管理

シニア犬のお世話で
心がけておきたい
ポイントを紹介します。

「愛犬がどう感じるか」を重視して

愛犬がシニアになるというのは、一緒に過ごせる時間が残り少なくなるということ。「その時間を少しでも長くしたい」というのは自然な感情ですが、さまざまな治療法を片っぱしから試して犬の心身に負担をかけるようでは本末転倒です。

とくに腫瘍など完治が難しい病気では、苦痛を減らす緩和療法もひとつの手段。

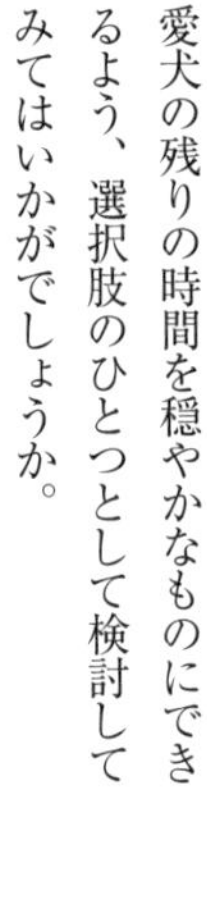

愛犬の残りの時間を穏やかなものにできるよう、選択肢のひとつとして検討してみてはいかがでしょうか。

もちろん、
見込みがあるなら
完治を目指してOK。
獣医師とよく相談して
判断してください

アンチエイジング習慣

**体は使わなければ動かなくなってくるものです。
元気なシニア生活を送れるフレブルを目指しましょう。**

動けるシニアになるために動く筋肉をキープする

個体差はありますが、フレブルの場合、10歳前後からは立派なシニア犬。体力の衰えが目立ちはじめるため、健康管理や生活習慣に気を配る必要があります。

残念ながら加齢による変化を止めることはできませんが、変化のスピードを落とすことは可能。そのために心がけたいのが、動ける体をキープすることです。体を動かせれば気力だって衰えにくくなり、飼い主さんとの生活を前向きに楽しめます。「動ける老後」は、ワンコ自身にとって「しあわせな老後」でもあるのです。

動ける体をつくるのは、しなやかに動く筋肉。そして筋肉をつくるのは、日々の積み重ねです。ただしフレブルは、スポーティーとは言いづらい犬種。筋肉づくりのためにガッツリトレーニングするのは間違いです。弱点である足腰や呼吸器に負担をかけないよう、無理なくできる範囲で行うことが大切です。

まずは、おうちでまったりくつろぎながらできるマッサージやストレッチを習慣に。お散歩のときは、歩きながらできる筋トレにチャレンジしてみましょう。体づくりは若いうちから始めるのが理想ですが、中年やシニアになってからでも遅くはありません。今日からさっそく始めてください。

check

老化のサイン

- □ ふんばりがきかない
- □ 暗いところで物にぶつかる（視力の低下）
- □ 後ろからふれると驚く（聴力の低下）
- □ 息切れしやすい
- □ いびきがひどくなる
- □ よく咳をする
- □ 口臭が強くなる　　など

〈愛犬の体と動きを確認する〉

真横、前後、真上からワンコの体を観察し、体の動きも
確認しましょう。当てはまるものが多いほど、
加齢の影響が現れています。

①真横からチェック

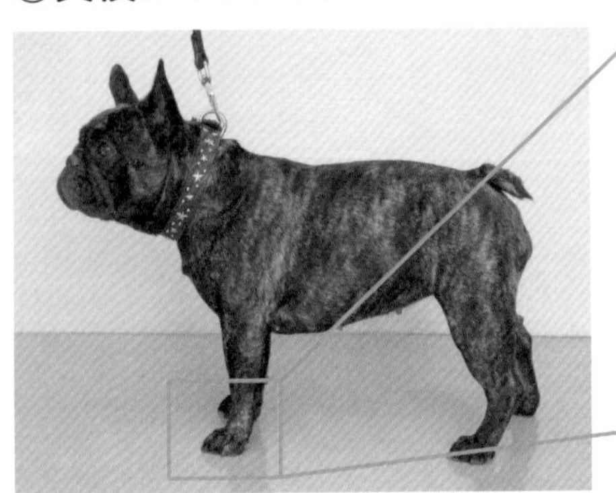

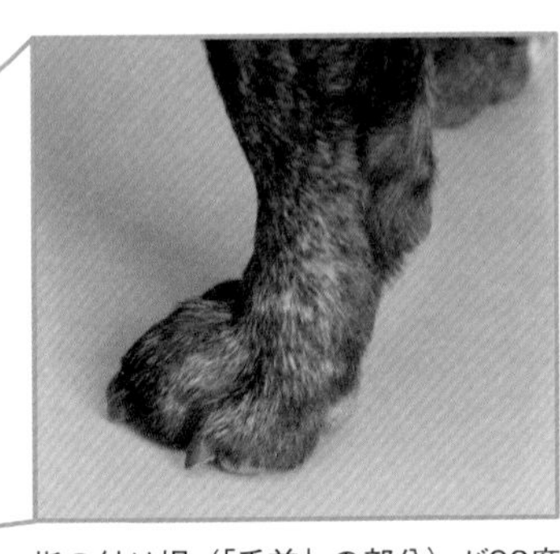

指の付け根（「手首」の部分）が90度
に曲がっているのが正しい姿勢。

check

- □ 頭を下げて猫背になっている
- □ 立ったときに腰が落ちている
- □ 歩くときに十分に膝を曲げていない
- □ 前後の足のあいだが狭くなっている
- □ 膝やかかとなどの曲がり方が不自然
- □ 指を地面にしっかりつけられない

②前後と真上からチェック

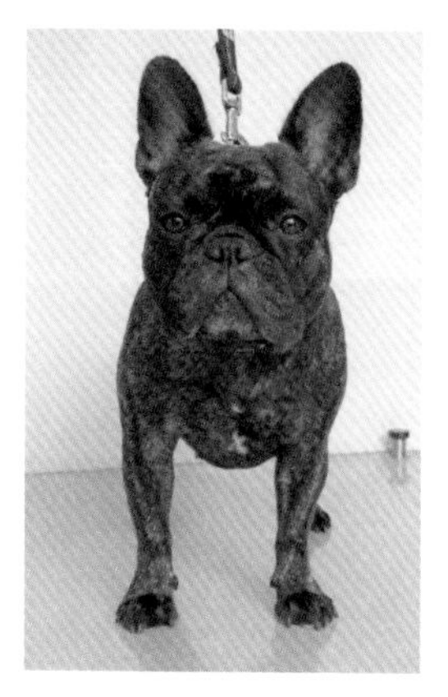

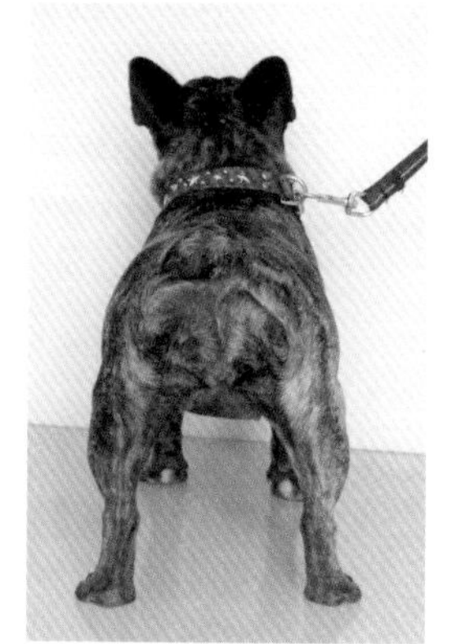

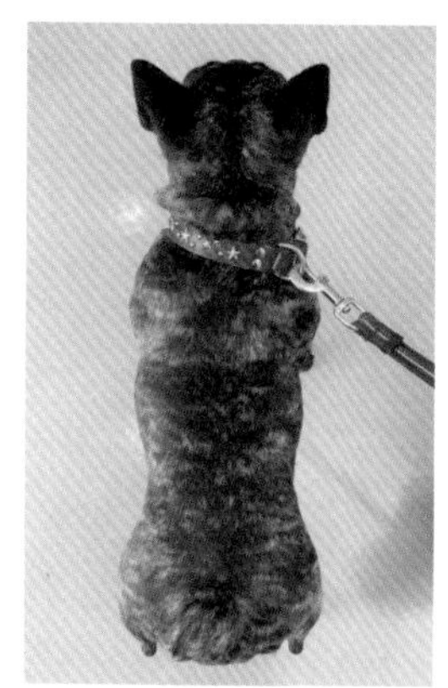

check

- □ 立ったときに前足が広がっている
- □ 立ったときに後ろ足が広がっている
- □ 以前よりお尻が小さくなっている
- □ 背骨がS字やC字に曲がっている

③動かしてチェック

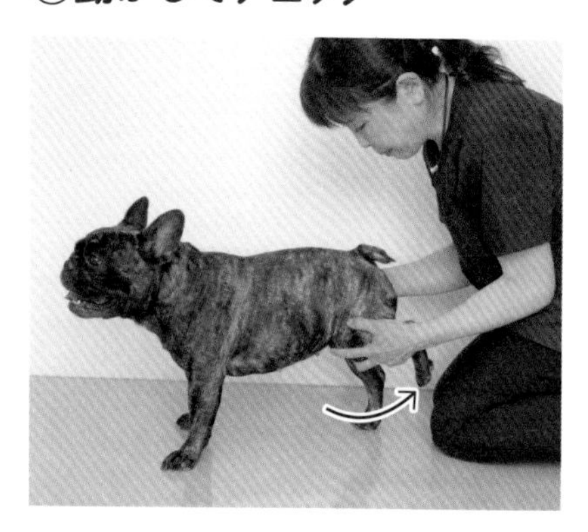

check

- □ 足が上がらない
- □ 片方の足だけでふんばれない

➡膝を深く曲げたまま、片方ずつ真っ直ぐ後ろへ持ち上げます。足が上がりにくかったり、片方の足でふんばれなかったりする場合は要注意。

□ 座り方が不自然

➡左右均等に体重がかかっているのが正しい座り方。お尻がどちらかにずれて「横座り」のようになるのは、痛みや動かしづらさが原因かも。

マッサージとストレッチ

愛犬とのスキンシップをかねて、筋肉をほぐすケアをしましょう。

①首〜体のマッサージ

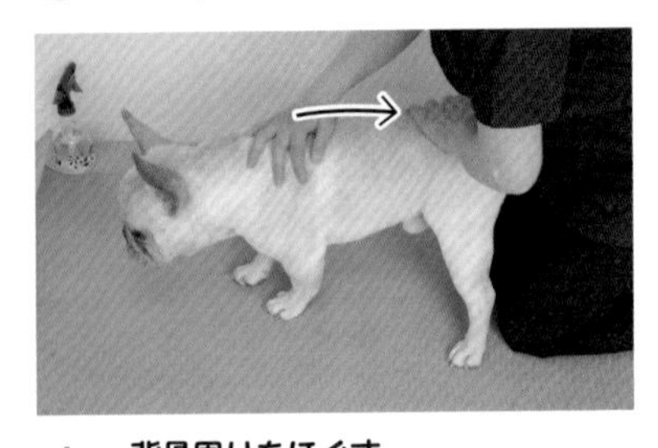

1 背骨周りをほぐす
首の付け根から背骨に沿って、両手で交互になでます。話しかけながらゆっくりとなでて、ワンコをリラックスさせて。

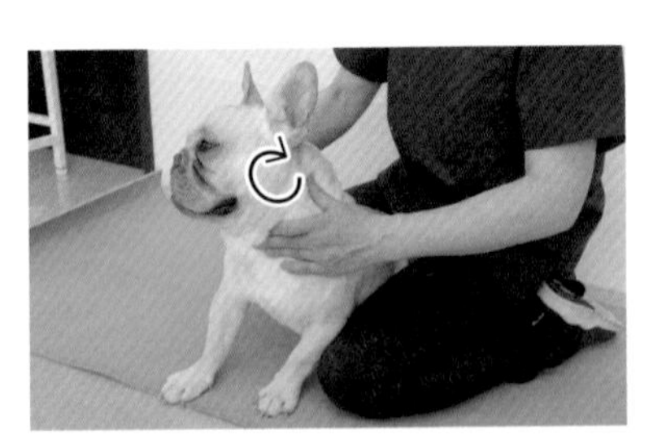

2 肩〜首をほぐす
耳の付け根の下〜首の付け根を、親指でほぐします。500円玉ぐらいの円を描くようにマッサージします。

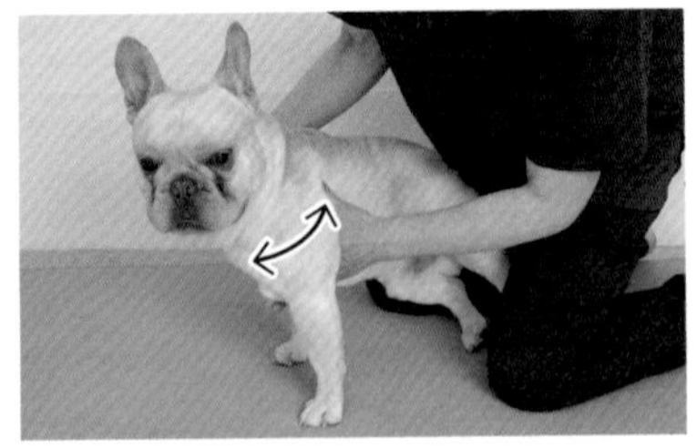

3 胸周りをほぐす
体の後ろから両脇に手を入れ、手をゆっくりと前後に動かして、胸〜肩をほぐします。

4 体幹をほぐす

肋骨のあいだに指を入れるようなイメージで胴の両脇に手を当て、人さし指～小指で脇腹をほぐします。

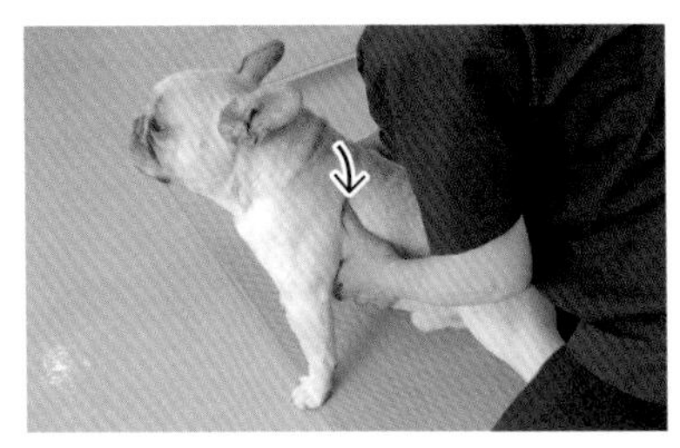

5 肩甲骨周りをほぐす

肩甲骨の後ろに親指を当て、上から下へさすります。

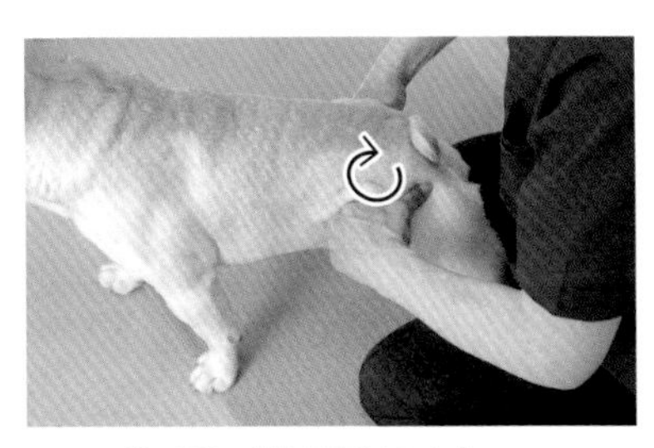

6 後ろ足の付け根をほぐす

両手を後ろ足の付け根に当て、親指で円を描くようにマッサージします。

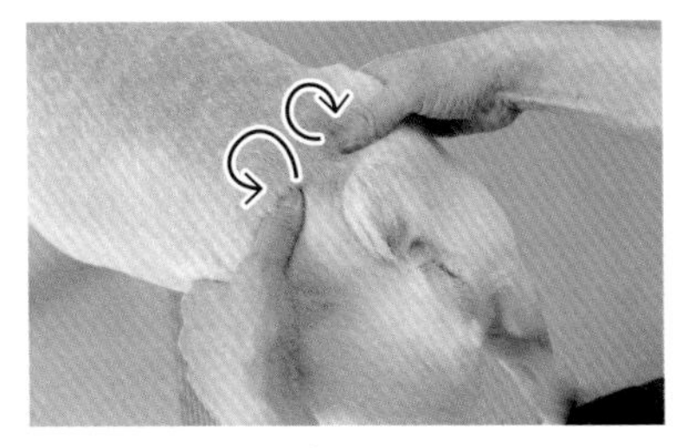

7 お尻をほぐす

しっぽの付け根の両脇を、親指でほぐします。500円玉ぐらいの円を描くようにマッサージします。

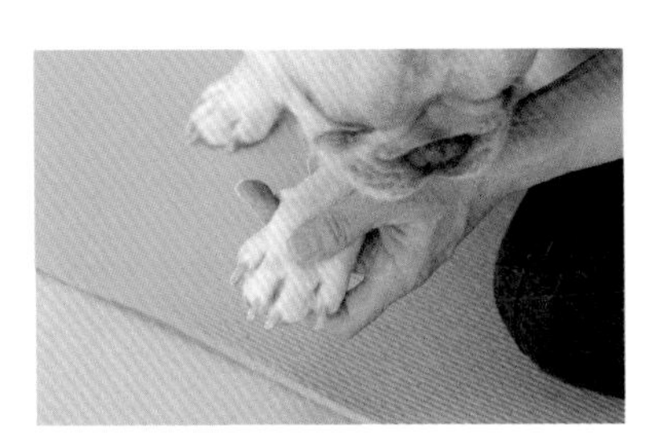

8 足の裏をほぐす

大きな肉球と指の肉球のあいだに人さし指、足の甲に親指を当て、肉球のあいだを広げるようにほぐします。

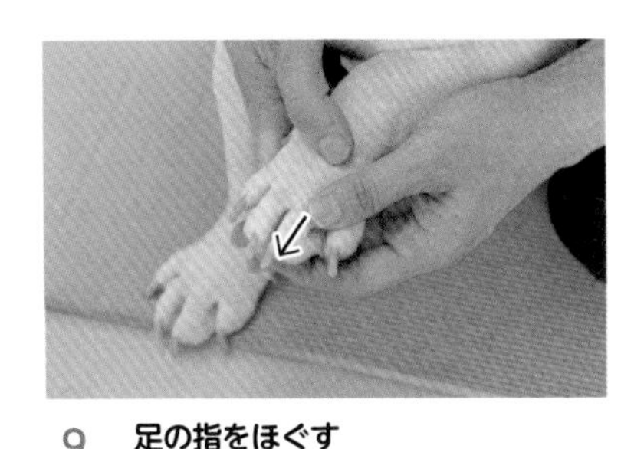

9 足の指をほぐす

指を1本ずつ、付け根から爪の先までていねいに伸ばします。

②首～体のストレッチ

1　首～肩を伸ばす

耳の付け根の下と首の付け根に手を添え、首～肩を前後に伸ばすようにストレッチします。反対側も同様に。

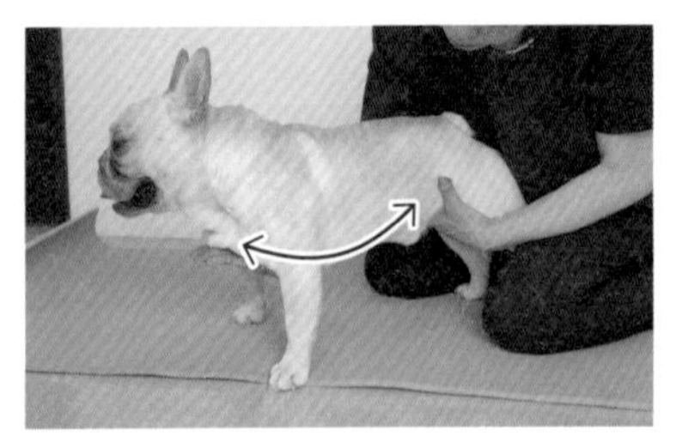

2　体の下側を伸ばす

片方の手を両前足のあいだから胸に当て、もう片方の手を後ろ足の付け根に添えて、体を前後に伸ばすようにストレッチします。

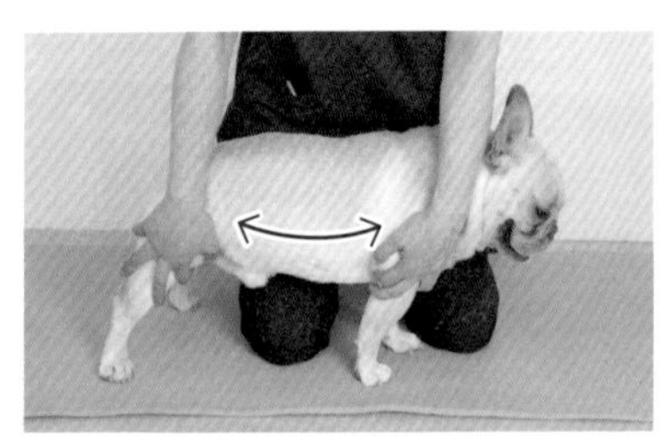

3　体の横を伸ばす

両手をそれぞれ犬の前後の足の付け根に当て、体の横側を前後に伸ばすようにストレッチします。反対側も同様に。

memo

力加減の目安は、最初はなでるぐらい。慣れてきたら少し圧を加えて。ワンコの様子を見ながら、嫌がらないところから始めましょう。

③足のストレッチ

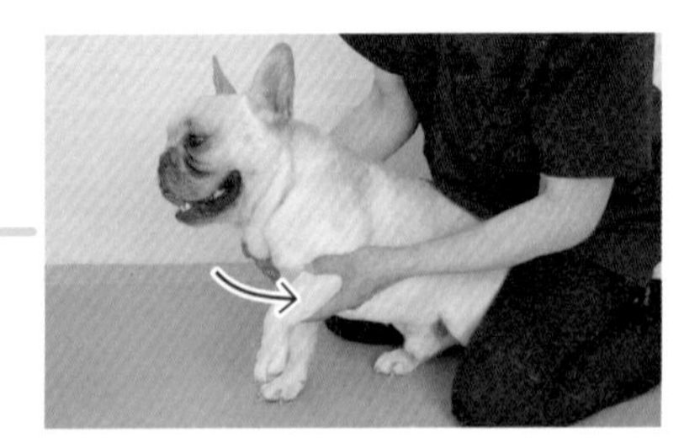

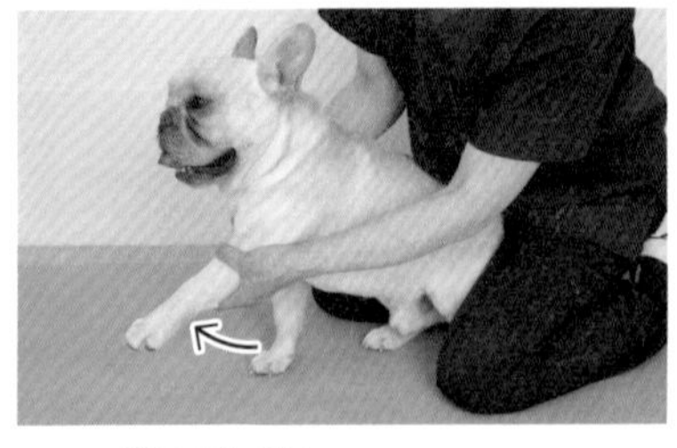

1　前足を伸ばす

後ろから片方の肘の下を握って持ち上げ、いったん深く曲げてから前へゆっくり伸ばします。反対側も同様に。

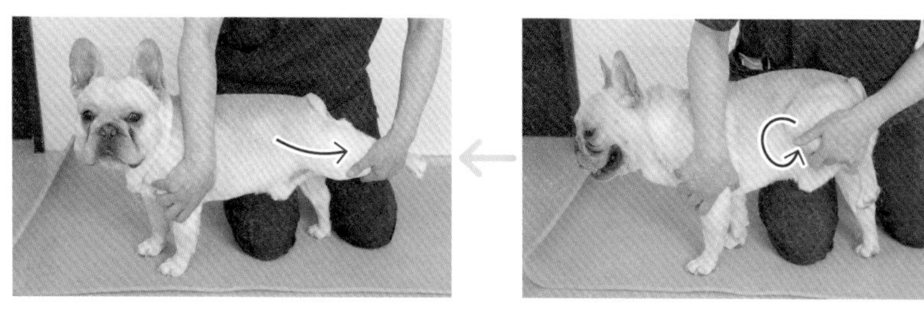

2 **後ろ足を伸ばす**

体を支えて片方の膝の下を持ち、ゆっくり前から後ろへ回します。その後、無理なく伸ばせるところまで後ろへ伸ばします。反対側も同様に。
※足の動きに違和感がある場合はすぐにやめましょう。

安心筋トレ

年齢や体調に合わせて、
できることを生活に
取り入れてみましょう。

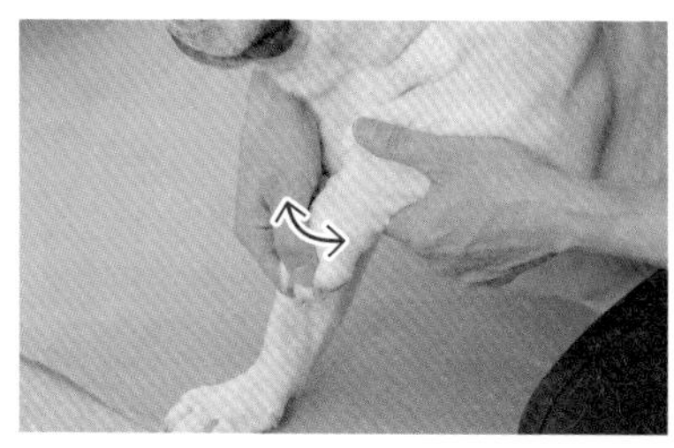

3 **足先を伸ばす**

足を1本ずつ持ち上げ、指の付け根（「手首」の部分）を曲げ伸ばします。

①胸スリスリ&おなかトントン

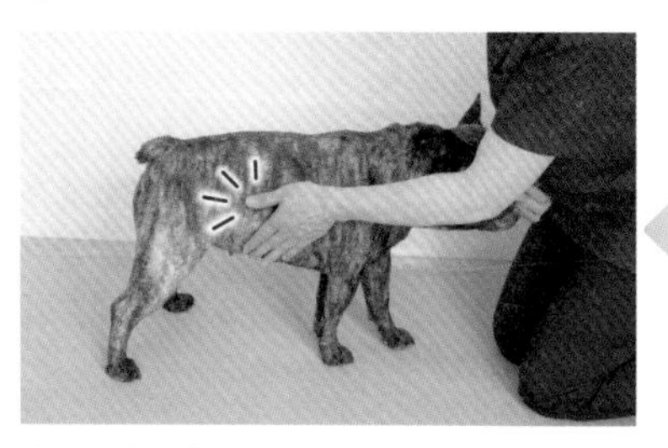

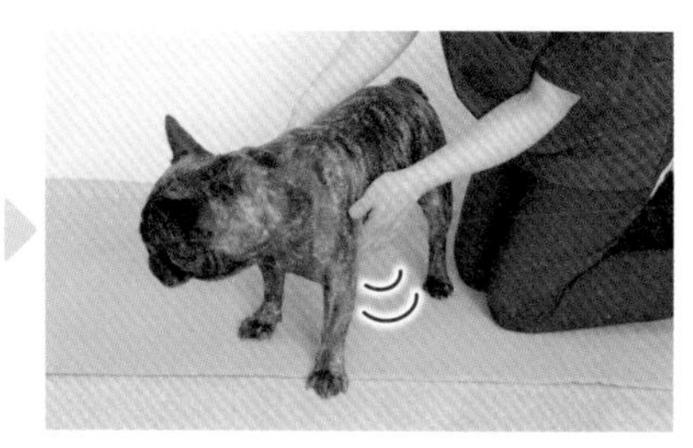

胸やお腹の筋肉を、さすったりやさしくたたいたりします。ねらいは、「ここに筋肉があるよ！」と知らせること。ふれられた部分を意識するだけで、動いたときの筋肉への刺激がアップします。

②オスワリ・スクワット

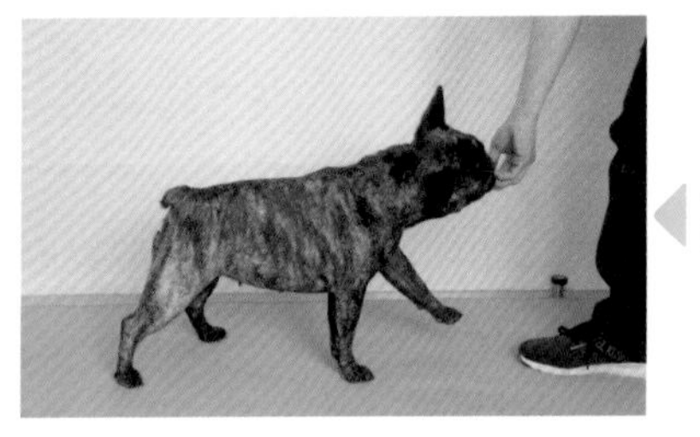

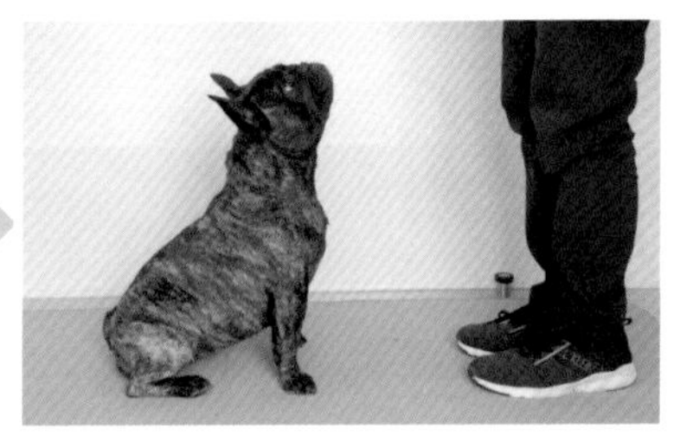

オスワリ→立ち上がる動作を数回繰り返します。後ろ足〜脇腹の筋力アップ＆足のストレッチ効果が期待できます。ただし、足に痛みや動かしにくさがある場合は悪化させる恐れがあるのでＮＧ。

③全方位首伸ばし

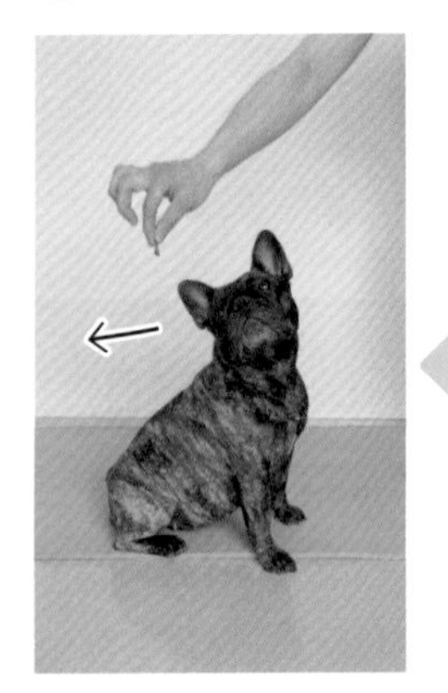

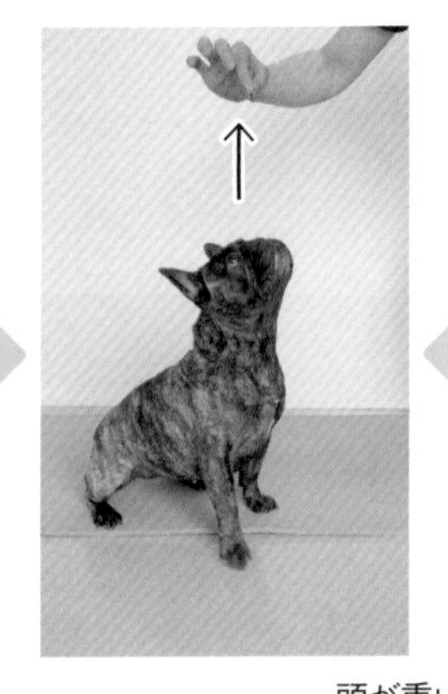

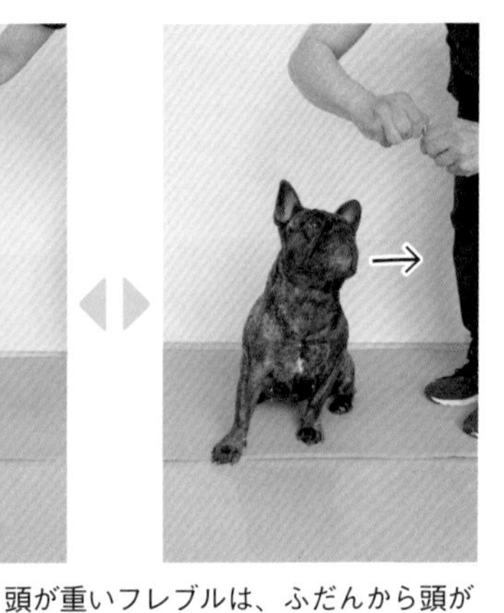

頭が重いフレブルは、ふだんから頭が下がりがちです。その状態で筋肉が硬くなると姿勢がくずれ、体を動かしにくくなる原因になりかねません。こまめに首を動かすトレーニングを心がけましょう。

フレブルの飼い主さんは、「ドッグランでほかの犬種と仲良く遊べない」とお悩みの人が多いのだとか。平和に楽しく遊ぶために、知っておきたいポイントを紹介します。

フレブルがトラブルに見舞われやすい理由

フレンチ・ブルドッグのがっちりした体型と勇ましい立ち姿、そして短頭種独特の顔のつくりは、私たち人間から見ればチャームポイントです。しかし、ほかの犬（とくに短頭種以外）から見ると「もしかして威嚇してる?」、「攻撃態勢に入っている（ように見える）から襲われるかもしれない」といった誤解を招くこともあるようです。

ここでフレブル飼いのみなさんにお聞きします。あなたの愛犬は、ドッグランに新しく犬がやって来たらどうしますか？ 予想にすぎませんが、「真っ先に気づいて、興味津々ですっ飛んで行く」という回答が思い浮かんだ人は多いのではないでしょうか。

これもまた、フレブルのフレンドリーで明るく、あまり人・犬見知りをしない性格に由来する行動。たとえばトイ・プードルなどの小型犬だと、まずはアプローチをかけたい相手を遠くから観察し、地面のニオイを嗅ぎながら少しずつ近づいてくるものです。

しかし、フレブルは興味を持った対象に物怖じせず勢いをつけて接近する傾向にあるので、相手がびっくりしてしまうのです。自分に置き換えて考えてみると、向こうから見知らぬ人が満面の笑みで走ってくる……ちょっと逃げ腰になるシチュエーションですよね。というわけで、フレブルにまったく悪意はないのですが、「仲良くしたい！」という気持ちが強すぎて空回りすることもあるのです。

大型犬とのトラブルが多め

フレブルは、ブルドッグ（闘犬）から派生した犬種だと考えられています。つまり、その本能が遺伝子に組み込まれているということ。自分より大きな存在（大型犬や人）に対しても果敢にアタックしていく気質は、フレブルが受け継いできた〝闘犬の血〟に由来するものだと推測されます。

自分が定めたターゲットに対する執念深さを持ち合わせているのが闘犬。ほかの犬が少し嫌がるそぶりを見せても、あまり気にせず熱心にアピールを続けることがあるのです。良く言えば勇敢、悪く言えばやや空気が読めないところがあるのかも……。愛犬に悪気はなくても、相手を怒らせてしまい、ケンカになるというわけです。

トラブルを避けるには

まずは「フレブルは闘犬のDNAを持っている」ということを知り、ほかの犬を刺激してしまう可能性があることを理解してください。ドッグランでは愛犬の様子をよく見て、興奮しているようならリードを離さない、少しでもほかの犬とケンカになりそうだと感じたら早めにその場を離れることを心がけてほしいと思います。

これはフレブルに限ったことではありませんが、「ふだん忙しくてお散歩に行けないから、たまに行くドッグランで運動不足を解消したい」という飼い主さんもいるかもしれません。やむを得ない事情があるとは思いますが、フラストレーションをため込んだままドッグランに行くと、欲求が爆発して大暴走することもあります。できるだけ毎日のお散歩やオモチャでの遊びなどで、少しずつでもストレス解消することをおすすめします。

どうしても休日にしか時間がとれない場合は、ドッグランに行く前に長めの散歩タイムを確保してください。落ち着いてほかの犬や人にあいさつできるようトレーニングするのも、良い方法です。「オスワリ」や「フセ」などがスムーズにできれば、敵意がないことをアピールできます。

飼い主さんができること

できるだけ同犬種で誘い合わせて来場するのがおすすめ。やはり同犬種同士で遊ぶほうがトラブルになりにくいですし、飼い主さん同士もお互いに犬種の特性をよくわかっているので、安心できると思います。可能であれば、フレブル仲間で誘い合って楽しく利用してください。

お願いしたいのが「ドッグラン来場の際には、飼い主さんも時間と心に余裕を持ってほしい」ということ。ドッグランがにぎわうのはやはり休日の午後です。となると、どうしても道路が混んだり、駐車場が満車でなかなか車を停められないこともあります。そこで飼い主さんがイライラすると、犬もそれを敏感に感じ取って興奮したり、ストレスになるもの。そんな状態でドッグランに入ると、トラブルを招く原因になります。混雑する時間帯を避ける、到着してからしばらくドッグランの周辺を散歩して、お互い気持ちを落ち着かせるなどの対策をとるのが良いでしょう。

ドッグラン危機回避ポイント

- フレブルのルーツ、気質、特徴を理解する
- 愛犬から目を離さず、少しでも危ないと思ったら早めに対処する
- 日ごろから運動不足・欲求不満にしない配慮を
- フレブルの飼い主さん同士で一緒に来場
- 飼い主さん自身もゆったりした気持ちで

【監修・執筆・指導】

PART 1

神里 洋

PART 2

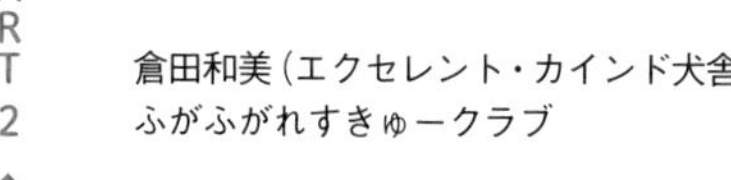

倉田和美（エクセレント・カインド犬舎）
ふがふがれすきゅークラブ

PART 3

フリッツ 吉川 綾（ヤマザキ動物看護大学）
長谷川成志（㈱Animal Life Solutions）
田中浩美（DOG ACADEMIA）

PART 4

HANA-PECHA Animal Clinic
azi

PART 5

稲葉健一（名古屋みなみ動物病院・どうぶつ呼吸器クリニック）
相川 武（相川動物医療センター）
大森啓太郎（東京農工大学）
HANA-PECHA Animal Clinic
安部勝裕（アニマル・アイケア東京　安部動物病院）
奈良なぎさ（ペットベッツ栄養相談）
油木真砂子（FRANCESCA Care Partner）

PART 6

弓削田直子（Pet Clinic アニホス）
平端弘美（Hello doggie）

+α

㈱ドッグラン・ラボ

0歳からシニアまで
フレンチ・ブルドッグとのしあわせな暮らし方

2024年1月30日　第1刷発行©

編　者	Wan編集部
発行者	森田浩平
発行所	株式会社緑書房
	〒103-0004 東京都中央区東日本橋3丁目4番14号 TEL 03-6833-0560 https://www.midorishobo.co.jp
印刷所	図書印刷

落丁・乱丁本は弊社送料負担にてお取り替えいたします。
ISBN978-4-89531-941-6
Printed in Japan

編集	鈴木日南子、池田俊之
編集協力	臼井京音、高梨奈々、野口久美子
カバー写真	蜂巣文香
本文写真	浅岡 恵、岩﨑 昌、蜂巣文香
カバー・本文デザイン	リリーフ・システムズ
イラスト	ヨギトモコ